工业和信息化高职高专"十二五"规划教材立项项目

职业教育机电类"十二五"规划教材

机械制造基础

周兰菊 主编

U0342414

人民邮电出版社

北京

图书在版编目（CIP）数据

机械制造基础 / 周兰菊主编. -- 北京 ：人民邮电
出版社，2013.5（2017.2重印）
职业教育机电类"十二五"规划教材　工业和信息化
高职高专"十二五"规划教材立项项目
ISBN 978-7-115-31017-0

Ⅰ．①机… Ⅱ．①周… Ⅲ．①机械制造－职业教育－
教材 Ⅳ．①TH

中国版本图书馆CIP数据核字(2013)第056682号

内 容 提 要

为适应高职高专新的教学要求，结合当前高职高专教学和教材改革的精神，特精心编写了此书。本书以项目为基本写作单元，共 7 个项目，主要内容包括刀具基础知识、金属切削原理、金属切削机床的基本知识、车床、铣床、磨床和其他机床。

全书在内容安排上力求做到深浅适度、详略得当，并注意了广泛性、适用性，所选实例典型实用。另外，本书在叙述上力求简明扼要、通俗易懂，既方便老师讲授，又方便学生理解掌握。

本书可作为高等职业技术学院的机械制造、机电一体化、数控、模具、汽车等专业的教材，也可作为工程技术人员的参考用书。

工业和信息化高职高专"十二五"规划教材立项项目
职业教育机电类"十二五"规划教材
机械制造基础

◆ 主　编　周兰菊
　　责任编辑　刘盛平

◆ 人民邮电出版社出版发行　　北京市丰台区成寿寺路 11 号
　　邮编　100164　　电子邮件　315@ptpress.com.cn
　　网址　http://www.ptpress.com.cn
　　固安县铭成印刷有限公司印刷

◆ 开本：787×1092　1/16
　　印张：12.5　　　　　　　　2013 年 5 月第 1 版
　　字数：292 千字　　　　　　2017 年 2 月河北第 2 次印刷

ISBN 978-7-115-31017-0

定价：29.80 元

读者服务热线：(010)81055656　印装质量热线：(010)81055316
反盗版热线：(010)81055315
广告经营许可证：京东工商广字第 8052 号

前 言

为了适应高职高专教学新的要求，突出培养机械类应用型人才解决实际工程技术问题的能力，特编写本书。本书充分体现了高职高专教育的特点，本着"易学、易用"的编写原则，使学生充分掌握基本的理论知识和必要的技术技能知识。

本书以项目为基本写作单元，每个项目都包含一个相对独立的教学主题和重点，在"相关知识"模块中介绍需要重点掌握的知识，在"知识拓展"模块中主要介绍新知识、新技术。本书在内容安排上力求做到深浅适度、详略得当，并注意了广泛性、适用性，所选实例典型实用；在叙述上力求简明扼要、通俗易懂，既方便老师讲授，又方便学生理解掌握。

本书内容编排主要分为以下 7 个项目。

项目一是刀具基础知识，主要介绍常用的刀具材料及其选用、常用刀具的角度标注。学习此部分内容后，不仅可以认识各种刀具，还可以为以后学习刀具的刃磨打下良好的基础。

项目二是金属切削原理，主要介绍切削用量、切削过程中的基本规律、切削液和已加工表面质量。学习此部分内容后，能合理地选择切削用量，并能有效地控制切削过程中的有害因素，对实际的技能操作有重要的指导作用。

项目三是金属切削机床的基本知识，主要介绍金属切削机床的分类和型号、零件加工的成形方法及传动原理、机床传动系统图和运动计算。学习此部分内容后，可对机床的传动有一定的了解。

项目四是车床，主要介绍卧式车床结构及 CA6140 车床的传动系统、CA6140 卧式车床的主要结构和其他类型的车床。学习此部分内容后，可为以后的车床操作奠定良好的基础。

项目五是铣床，主要介绍 X6132 卧式万能铣床的结构及铣削方式、分度头及分度法和其他类型的铣床。学习此部分内容后，可为以后的铣床操作奠定良好的基础。

项目六是磨床，主要介绍 M1432B 万能外圆磨床的主要结构、砂轮及其他类型磨床。学习此部分内容后，可为以后磨床操作奠定良好的基础。

项目七是其他机床，主要介绍钻床、镗床、刨床和插床。学习此部分内容后，可对这些机床有基本了解。

本书由天津电子信息职业技术学院周兰菊编写，天津电子信息职业技术学院机电系教研室主任冯丰主审，并对整个初稿提出了宝贵和详细的修改意见，在此表示衷心的感谢。

　　由于水平有限和时间仓促，书中难免有错误和不当之处，望广大读者批评指正。

编　者

2013 年 1 月

Contents

目 录

绪论

一、本课程的性质和任务

金属切削刀具和金属切削原理是研究金属切削加工的技术科学。材料的切削加工过程就是用一种硬度高于工件材料的单刃刀具或多刃刀具，在工件表层切去一部分预留量，从而使工件达到预定的几何形状、尺寸、表面质量以及低加工成本的要求。切削过程涉及刀刃前端工件材料的大塑性变形（剪切应变为 2 ~ 8）、高切削温度（可达到或超过 1 000℃）、新鲜的具有化学敏感性的切出表面、刀具以及加工表面的高机械应力和刀具的磨损或破损等问题。因此，这门学科与金属物理学、金属工艺学、力学、热学、化学、弹塑性理论、工程数学、计算机技术、电子学和生产管理与经济等有着密切的联系。

金属切削机床就是用切削的方法将金属毛坯（或半成品）加工成零件的机器。本书主要介绍机床的机械传动、调整、维护等方面的基础知识，切削加工时刀具角度的选择和切削用量的制订，切削不同零件时机床的调整和工件的装夹方法。

本课程是一门专业基础课，它为培养机械制造与设计和机床维修与保养的工程师这一专业培养目标服务，并为本专业的后续课程、其他专业选修课以及专业课课程设计、毕业设计提供必要的基础知识。

通过本课程的教学、实验，并配合生产实习，应达到下列要求。

在基本知识方面，掌握常用刀具材料的种类、性能及其应用范围；掌握影响加工表面质量的因素和提高加工性及加工表面质量的主要措施等知识；掌握切削用量的选用原则，并初步了解切削液的种类、作用和选用；掌握各类机床的加工范围、结构特点、传动系统的分析和机床速度的计算。

在基本理论方面，掌握金属切削及磨削过程中的切削变形、切削力、切削热及切削温度，刀具磨损、破损以及砂轮磨损的基本理论与基本规律。

在基本技能方面，应具有根据加工条件合理选择刀具材料、刀具几何参数的能力；应能够根据加工条件合理利用资料、手册及公式计算切削力和切削功率；应能够根据加工零件的结构形状选择不同的机床，能够根据加工条件应用资料和手册制订切削用量；具有初步解决生产第一线一般技术问题的能力。

此外，还应初步了解国内外在金属、非金属切削（磨削）方面的新成就和发展趋势，对国内切削加工的生产实践有一定的了解，对生产上的切削加工问题有初步进行试验研究的能力，对国内外机床发展趋势有一定的了解。

二、切削加工技术的发展概况

切削加工是指利用刀具切除被加工零件多余材料的方法。切削加工的零件能获得较高的尺寸精度与表面质量，是机械制造业中最基本的加工方法。

我国古代切削加工有着光辉的成就。公元前二千多年的青铜器时代已经出现了金属切削的萌芽，当时的青铜刀、锯、锉等已经类似于现代的刀具。1668年（明代）加工制造的直径2m的天文仪器铜环，其外径、内径、平面及刻度的精度与表面粗糙度均已达到相当高的水平。当时采用畜力带动铣刀的方法进行铣削，用磨石进行磨削。

时至近代，由于封建制度的腐败和帝国主义的侵略，我国机械工业非常落后。据统计，直到1915年，上海荣昌泰机器厂才制造出国产第一台车床，1947年民用机械工业企业只有三千多家，拥有机床两万多台。当时使用的刀具切削速度很低。

新中国成立以来，我国切削加工技术得到飞速的发展。20世纪50年代起广泛使用了硬质合金，推广高速切削、强力切削、多刀多刃切削，兴起了改革刀具的热潮。1950年上海机床厂首创了550m/min的切削速度，继而又改革成功了75°强力车刀。1953年北京永定机械厂创造了内凹圆弧刃的麻花钻刃形刀具。1965年召开了规模盛大的全国工具展览会，总结交流了全国各地劳动模范、先进工作者创造的先进刀具，如群钻、75°强力车刀、高速螺纹刀、细长轴车刀、宽刃精刨刀、强力铣刀、拉削丝锥、深孔钻等。与此同时，新型刀具材料层出不穷，如高性能高速钢、粉末高速钢、涂层刀具材料、复合陶瓷、超硬刀具材料等。上海工具厂、哈尔滨第一工具厂、哈尔滨量具刃具厂、成都量具刃具厂四大工具厂不断改革工艺、革新产品，制造出各类普通、复杂刀具和各类数控、可转位刀具。

如今，能够进行切削加工的材料越来越多，不仅包括传统的金属材料，还包括非金属材料。切削技术不仅能对各种硬、韧、脆、黏等难加工材料进行加工，而且能对各种高精度、特长、深、薄、小等特形件进行加工。计算机技术已在切削研究、刀具设计与制造业中得到广泛的应用，我国已有了一批自己开发的刀具CAD、CAPP、CAI、切削数据库软件。新的国家刀具标准参照ISO作了修订，已基本上与国际接轨。我国切削加工技术在不久的将来一定能赶上发达国家的水平，并能同步增长。

三、金属切削机床的起源和发展

人类的生产活动是最基本的实践活动，劳动创造了世界，一切工具都是人手的延长。机床的诞生也是这样(最初的加工对象是木料)。古代人类从劳动实践中逐步认识到，如果要钻一个孔，需要使刀具转动，同时使刀具向孔深处推进。也就是说，最原始的钻床是依靠双手的往复运动在工件上钻孔的。在原始加工阶段，人既是机床的原动力，又是机床的操纵者。

在漫长的奴隶社会和封建社会里，生产力的发展是非常缓慢的。当加工对象由木材逐渐过渡到金属时，车圆、钻孔等都要求增大动力，于是就逐渐出现了水力、风力和畜力等驱动的机床。随着生产的发展，15世纪至16世纪出现了铣床、磨床。我国明朝宋应星所著《天工开物》一书中，已有了对天文仪器进行铣削和磨削加工的记载。

18世纪末，蒸汽机的出现提供了新型的巨大的能源，使生产技术发生了革命性的变化。由于在加工过程中逐渐产生了专业性分工，所以出现了各种类型的机床。这些机床采用的是天轴、带、塔轮传动，性能很低。20世纪以来，齿轮变速箱的出现，使机床的结构和性能发生了根本性变化：采用单独电动机代替过去的天轴传动，用齿轮变速箱代替过去的带、塔轮传动。机床也同时包含了电动机、传动机构和工作机三个基本组成部分，逐步发展成为具有比较完备形态的现代机床。

随着科学技术的迅猛发展，电子技术、计算机技术、信息技术和激光技术等在机床领域的应用，使机床技术的发展进入了前所未有的新时代。多样化、精密化、高效化和自动化是这一时代机床发展的基本特征。也就是说，机床的发展紧密迎合了社会生产的多元化的要求，通过机床加工的精密化、高效化和自动化来推动社会生产力的发展。

新技术的迅速发展和客观要求的多样化，决定了机床必须多品种。技术的加速发展更新和产品更新换代的加快使机床主要面向多品种、中小批量的生产。因此，现代机床不仅要保证加工精度、效率和高度自动化，还必须有一定的柔性（即灵活性），使之能够很方便地适应加工对象的改变。

目前，数控机床以其加工精度高、生产率高、柔性高、适应中小批量生产的特点而日益受到重视。数控机床无须人工操作，而是靠数控程序完成加工循环，调整方便，适应灵活多变的产品，这使得中小批量生产的自动化成为可能。20世纪80年代是数控机床和数控系统大发展的时代，这个发展大潮正方兴未艾。20世纪80年代末，全世界数控机床的年产量超过10万台。数控机床和各种加工中心已成为当今机床发展的趋势，世界著名企业中数控机床在加工设备中所占的比例明显提高，如美国通用电器公司的数控机床占70%。从20世纪80年代起，日本的机床工业产值连年独占鳌头，日本的数控机床以年均2.88%的增长率增长。到20世纪90年代初，日本机床工业的产值数控化率超过80%（且主要生产高档数控机床），日本机床工业的发展反映着世界机床工业发展的趋势。

在机床数控化进程中，机械部件的成本在机床系统中的比重不断下降，而电子硬件与软件的比重不断上升。例如：美国在20世纪70年代生产的机床，机械部件的成本比重占80%，电子硬件的成本占20%；到20世纪90年代，机械部件的成本下降到30%，而电子硬件和软件的成本却上升为70%。随着计算机技术的迅速发展，数控技术已由硬件数控进入了软件数控的时代，实现了模块化、通用化、标准化。用户只要根据不同的需要，选用不同的模块，编制出自己所需要的加工程序，就可以很方便地达到加工零件的目的。

数控技术的发展和普及，也使机床结构发生了重大的变革：主传动系统采用直流或交流调速电动机，主轴实现了无级调速，简化了传动链；采用交流变频技术，调速范围可达1:100 000以上，主轴转速可达75 000r/min；机床进给系统采用直流或交流伺服电动机带动滚珠丝杠实现进给驱动，简化了进给传动机构；快速进给速度最高可达60m/min，切削进给速度也可达到6～10m/min，提高了工作效率。

目前，数控机床也达到了前所未有的加工精度。如日本研制的超精密数控车床，其分辨率达

0.01μm，圆度误差仅 0.03μm；加工中心工作台定位精度可达 1.5μm/全行程，数控回转工作台的控制精度达万分之一度。

近年来，数控机床的可靠性不断提高，数控装置的平均无故障工作时间已达 10 000h。20 世纪 90 年代初，日本 FANUC 公司声称其数控系统平均 100 个月发生一次故障。

如今，机床技术发展到数控化阶段，不仅机床的动力无需人力，而且机床的操纵也由机器本身完成了。人的工作只是编制出加工程序、调整刀具等，为机床的自动加工准备好条件，然后由计算机控制机床自动完成加工过程。

Chapter 1

项目一
| 刀具基础知识 |

 任务1　**刀具材料**

任务 1 的具体内容是，掌握刀具材料应具备的性能，掌握常用刀具材料的牌号及使用场合。通过这一具体任务的实施，能够根据加工条件合理选用刀具材料并正确使用。

知识点与技能点

（1）刀具材料应具备的性能。

（2）高速钢的牌号、性能与选用。

（3）硬质合金的牌号、性能与选用。

工作情景分析

金属切削刀具所加工的对象都是硬度较高的金属材料，在相同的工作条件下，一把硬度高的刀具和一把硬度低的刀具在使用时，哪一个磨损更快或更易损坏？这对刀具材料需提出哪些要求？

相关知识

一、刀具材料应具备的性能

性能优良的刀具材料是保证刀具高效工作的基本条件。刀具切削部分在强烈摩擦、高温、高压、高应力下工作，在断续加工或加工余量不均匀时，刀具还受到强烈的冲击和振动，因此刀具材料应具备如下的基本要求。

1. 高的硬度

硬度是刀具材料应具备的基本特性。刀具要从工件上切除材料层，因此，其切削部分的硬度必须大于工件材料的硬度。一般刀具材料的常温硬度应高于 60HRC。

2. 高的耐磨性

耐磨性是刀具材料抵抗工件与切屑对刀具磨损的能力。刀具材料硬度越高，耐磨性就越好；刀具材料中含有耐磨的合金碳化物越多、晶粒越细、分布越均匀，耐磨性也越好。

3. 足够的强度与韧性

在切削过程中，刀具承受着各种应力、冲击和振动，故要求切削部分的材料必须具备足够的强度和韧性，以抵抗崩刃和打刀。一般来说，刀具硬度越高，冲击韧性越低，材料越脆。硬度和韧性是一对矛盾体，也是刀具材料所应克服的一个问题。

4. 高的耐热性

耐热性是在高温条件下，刀具切削部分材料保持常温硬度、耐磨性、强度和韧性的能力，也可用红硬性或高温硬度表示。耐热性越好的材料允许的切削速度越高。

5. 良好的工艺性与经济性

为了便于制造，刀具切削部分的材料应具有良好的工艺性能，如切削加工性、磨削加工性、锻造、焊接、热处理等性能。在制造和选用的同时，还应尽可能采用资源丰富和价格低廉的刀具材料。

二、常用刀具材料

常用刀具材料有工具钢、高速钢、硬质合金、陶瓷、金刚石、立方氮化硼、涂层刀具和超硬刀具材料，目前用得最多的刀具材料是高速钢和硬质合金。

（一）高速钢

高速钢是在合金工具钢中加入了较多的 W、Mo、Cr、V 等合金元素的高合金工具钢，其合金元素与碳化合形成高硬度的碳化物，使高速钢具有很好的耐磨性。钨和碳的原子结合力很强，增加了钢的高温硬度。钼的作用与钨基本相同，并能细化碳化物的晶粒，减少钢中碳化物的不均匀性，提高钢的韧性。

高速钢是综合性能较好、应用范围最广泛的一种刀具材料。其抗弯强度较高，韧性较好，热处理后硬度为 63～70HRC，易磨出较锋利的切削刃，故在生产中常被称为"锋钢"。其耐热性为 500℃～650℃，切削中碳钢材料时的切削速度可达 30m/min。它具有较好的工艺性能，可以制造刃形复杂的刀具，如钻头、丝锥、成形刀具、拉刀、齿轮刀具等。高速钢可以加工碳钢、合金钢、有色金属、铸铁等多种材料。

高速钢按切削性能可分为普通高速钢和高性能高速钢，按制造方法分可分为熔炼高速钢和粉末高速钢。

1. 普通高速钢

普通高速钢可分为钨系高速钢和钨钼系高速钢两类。

（1）钨系高速钢。常见的牌号有 W18Cr4V（简称 W18），它含钨（W）18%、铬（Cr）4%、钒（V）1%，具有较好的综合性能和可磨削性，可制造各种复杂刀具和精加工刀具。

（2）钨钼系高速钢。较常见的牌号有 W6Mo5Cr4V2（简称 W6），它含钨 6%、钼（Mo）5%、铬 4%、钒 2%，它具有较好的综合性能。由于钼的作用，其碳化物呈细小颗粒且分布均匀，故其抗弯强度和冲击韧性都高于钨系高速钢，并且有较好的热塑性，适于制作热轧工具。

此外，W9Mo3Cr4V（简称 W9）是我国自行研制的牌号，其硬度、强度、热塑性略高于 W6Mo5Cr4V2，具有较好的硬度和韧性，并且易轧、易锻、热处理温度范围宽、脱碳敏感性小，成本也更低。

2. 高性能高速钢

高性能高速钢是在普通高速钢的基础上，通过调整化学成分和添加其他合金元素，使其性能比普通高速钢提高一步的新型高速钢。此类高速钢主要用于高温合金、钛合金、高强度钢和不锈钢等难加工材料的切削加工。高性能高速钢有以下几种。

（1）高碳高速钢。含碳量提高到 0.9%～1.05%，其典型牌号为 9W18Cr4V。由于含碳量提高，使钢中的合金元素全部形成碳化物，从而提高了钢的硬度、耐磨性和耐热性，但其强度和韧性略有下降。

（2）高钒高速钢。含钒量提高到 3%～4%，其典型牌号为 W6Mo5Cr4V3。由于碳化钒量的增加，提高了钢的耐磨性，因此一般用于切削高强度钢。但此种钢刃磨比普通高速钢困难。

（3）钴高速钢。普通高速钢中加入钴，从而提高了钢的高温硬度和抗氧化能力，其典型牌号为 W2Mo9CrVCo8。它有良好的综合性能，用于切削高温合金、不锈钢等难加工材料效果很好。钴高速钢在国外使用较多，我国钴原料价格较贵，因此使用量不多。

（4）铝高速钢。普通高速钢中加入少量的铝，提高了钢的耐热性和耐磨性，它是我国独创的新型高速钢，有良好的综合性能。其典型牌号为 W6Mo5Cr4V2Al，它达到了钴高速钢的切削性能，可加工性好，价格低廉，与普通高速钢的价格接近。但其刃磨性差，热处理工艺要求较严格。

3. 粉末冶金高速钢

用高压氩气或氮气雾化熔融的高速钢水，直接得到细小的高速钢粉末，高温下压制成致密的钢坯，然后锻压成材或刀具形状。适合于制造切削难加工材料的刀具、大尺寸刀具（如滚刀、插齿刀）、精密刀具、磨加工量大的复杂刀具、高动载荷下使用的刀具等。

4. 高速钢的一般选用原则

（1）切削一般材料时可用普通高速钢，其中以 W18Cr4V 用得最多。W6Mo5Cr4V2 主要用作热轧刀具，W14Cr4VMnRE 韧性最高，可作热轧刀具。

（2）加工艺系统刚性好，切削难加工材料时，简单刀具可用高钒、高钴高速钢，复杂刀具可用钨钼系低钴高速钢。

（二）硬质合金

硬质合金是用粉末冶金的方法制成的一种刀具材料。它是由硬度和熔点很高的金属碳化物（WC、TiC 等）微粉和金属粘结剂（Co、Ni、Mo 等）经高压成形，并在 1 500℃ 左右的高温下烧结而成的。

硬质合金的硬度高达 89～93HRA，相当于 71～76HRC，耐磨性很好，耐热性为 800℃～1 000℃，切削速度可达 100m/min 以上，能切削淬火钢等硬材料。但其抗弯强度低，韧性差，怕冲击和振动，制造工艺性差。

硬质合金现已成为主要的刀具材料之一。目前车削刀具大都采用硬质合金，其他刀具采用硬质合金的也日益增多，如硬质合金端铣刀、立铣刀、镗刀、拉刀、铰刀等。

根据 ISO（国际标准化组织）规定，硬质合金按被加工材料分为三类：P 类、K 类和 M 类，相应识别颜色为蓝色、红色和黄色。

1．P 类（相当于旧牌号 YT 类硬质合金）

它是由碳化钨、碳化钛和钴构成，颜色为蓝色，其硬度为 89.5～92.5 HRA，耐热性为 900℃～1 000℃，适宜加工钢、铸钢等。其代号有 P01、P10、P20、P30、P40、P50 等，数字越大，耐磨性越低而韧性越高。精车宜选 P01，半精车宜选 P10、P20；粗车宜选 P30。

2．K 类（相当于旧牌号 YG 类硬质合金）

它由碳化钨和钴构成，颜色为红色，其硬度为 89～91.5HRA，耐热性为 800℃～900℃，适宜加工铸铁、有色金属及其合金、塑料等，其代号有 K01、K10、K20、K30、K40 等，数字越大，耐磨性降低而韧性增大，精车宜选 K01；半精车宜选 K10、K20；粗车时可选用 K30。

3．M 类（相当于旧牌号 YW 类硬质合金）

它是由碳化钨、碳化钛、碳化钽（碳化铌）和钴构成，颜色为黄色。其抗弯强度、疲劳强度、耐热性、高温硬度和抗氧化能力都有很大的提高。这类硬质合金既可以加工铸铁和有色金属，又可以加工钢料、铸钢、不锈钢、灰铸铁、有色金属等。其代号有 M10、M20、M30、M40 等，数字越大，耐磨性低而韧性大，精车宜选 M10；半精车宜选 M20；粗车时可用 M30。

4．硬质合金的一般选用原则

（1）加工钢等韧性材料时，应选择 P 类（YT 类）硬质合金。切削韧性材料时，切屑成带状，切削力较平稳，但与前刀面摩擦大，切削区平均温度高。因此要求刀具材料有较高的高温硬度、较高的耐磨性、较高的抗粘结性和抗氧化性。但应注意在低速切削钢时，由于切削温度较低，P 类（YT 类）硬质合金韧性较差，容易产生崩刃，刀具耐用度反而不如 K 类（YG 类）硬质合金。同时 P 类（YT 类）类硬质合金也不适合于切削含 Ti 元素的不锈钢等。

（2）加工铸铁等脆性材料时，应选择 K 类（YG 类）硬质合金。切削脆性材料时，切屑成崩碎状，切削力和切削热集中在刃口附近，并有一定的冲击，因此要求刀具材料具有好的强度、韧性及导热

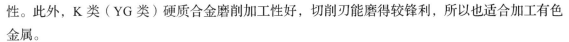

性。此外，K 类（YG 类）硬质合金磨削加工性好，切削刃能磨得较锋利，所以也适合加工有色金属。

（3）切削淬硬钢、不锈钢和耐热钢时，应选用 K 类（YG 类）硬质合金。因为切削这类钢时，切削力大，切削温度高，切屑与前刀面接触长度短，使用脆性大的 P 类（YT 类）硬质合金易崩刃。因此，宜用韧性较好、导热系数较大的 K 类（YG 类）硬质合金。但应注意此类硬质合金的红硬性不如 P 类（YT 类）的红硬性，因此应适当降低切削速度。

（4）粗加工时，应选择含钴量较高的硬质合金；反之，精加工时，应选择含钴量低的硬质合金。

三、其他刀具材料

近年来，随着加工材料种类的增加以及现代数控机床切削速度的提高，对切削刀具的要求也越来越高，新型刀具材料也应运而生。

1. 陶瓷刀具

陶瓷刀具是以氧化铝为主要成分在高温下烧结而形成的，比硬质合金具有更高的硬度和耐热性，其硬度为 90～95 HRA，耐热性高达 1 200 ℃～1 450℃，化学稳定性好，与金属的亲和能力小，与硬质合金相比可提高切削速度 3～5 倍。其最大的缺点是抗弯强度低，冲击韧性差。它主要用于对钢、铸铁、高硬度材料（如淬火钢）进行连续切削时的半精加工和精加工。

2. 金刚石刀具

金刚石刀具分天然金刚石刀具和人造金刚石刀具两种，天然金刚石刀具由于价格昂贵而用得很少。人造金刚石是在高温、高压条件下由石墨转化而成的，硬度为 10 000HV。金刚石刀具能精密切削有色金属及合金、陶瓷等高硬度、高耐磨材料。它对铁的化学稳定性较差，不适合加工铁族材料，其热稳定性也较差，当温度达到 800℃时，金刚石刀具在空气中即发生碳化，产生急剧磨损，因此不宜用于切削铁及铁合金工件。

3. 立方氮化硼

立方氮化硼（CBN）硬度为 8 000～9 000HV，仅次于天然金刚石（10 000HV），耐磨性很好，耐热性达 1 500℃，且与铁族材料亲和作用小。它主要用于对高温合金、淬硬钢、冷硬铸铁等进行半精加工和精加工。

4. 涂层刀具

涂层刀具就是在硬质合金或高速钢的基体上，涂覆一薄层高硬耐磨的难熔金属或非金属化合物，从而在刀具表面形成金黄色的涂层。涂层刀具很好地解决了刀具材料中硬度、耐磨性、强度与韧性之间的矛盾。如在硬质合金表面涂上厚 4～9μm 的涂层时，可使表面硬度达到 2 500～4 200HV，是实现刀具"面硬而心韧"的有效方法之一。

常用的涂层材料有碳化钛（TiC）、氮化钛（TiN）、三氧化二铝（Al_2O_3）等。硬质合金涂层刀具的寿命可比原来提高 1～3 倍，高速钢涂层后寿命可提高 2～10 倍，世界各国对涂层刀具的运用很广泛。处于领先地位的瑞典，在车削中使用涂层硬质合金刀具已达 70%～80%。

各种刀具材料的使用性能、工艺性能和价格有所不同，各种车削加工条件对刀具要求也各有特点，因此应综合考虑，合理地选用刀具材料。

知识拓展

刀具按工件加工表面的形式可分为以下五类。

（1）加工各种外表面的刀具，包括车刀、刨刀、铣刀、外表面拉刀、锉刀等。

（2）孔加工刀具，包括钻头、扩孔钻、镗刀、铰刀和内表面拉刀等。

（3）螺纹加工刀具，包括丝锥、板牙、自动开合螺纹切头、螺纹车刀、螺纹铣刀等。

（4）齿轮加工刀具，包括滚刀、插齿刀、剃齿刀、锥齿轮加工刀具等。

（5）切断刀具，包括镶齿圆锯片、带锯、弓锯、切断车刀、锯片铣刀等。

按切削运动方式和相应的刀刃形状，刀具又可分为以下三类。

（1）通用刀具，如车刀、刨刀、铣刀（不包括成形的车刀、成形刨刀和成形铣刀）、镗刀、钻头、扩孔钻、铰刀、锯等。

（2）成形刀具，这类刀具的刀刃具有与被加工工件断面相同或接近相同的形状，如成形车刀、成形刨刀、成形铣刀、拉刀、圆锥铰刀和各种螺纹加工刀具。

（3）展成刀具是用展成法加工齿轮的齿面或类似的工件，如滚刀、插齿刀、剃齿刀、锥齿轮刨刀、锥齿轮铣刀盘等。

思考与练习

（1）刀具材料应具备哪些性能？其硬度、耐磨性、强度之间有什么联系？

（2）普通高速钢的常用牌号有几种？高性能高速钢有几种？它们的特点是什么？

（3）常用的硬质合金有几种？它们的用途如何？

（4）陶瓷刀具、金刚石与立方氮化硼刀具各有何特点？它们的适用场合如何？

 刀具的标注角度

任务2的具体内容是，掌握刀具切削部分的组成，掌握刀具标注角度的定义及其作用。通过这一具体任务的实施，能够正确绘制刀具的几何角度。

知识点与技能点

（1）切削运动。

（2）刀具切削部分的组成。

（3）刀具的标注角度及作用。

工作情景分析

切削刀具虽然种类繁多，形状各异，但其切削部分的几何形状大多为楔形。楔形角度的大小会影响刀具的锋利程度，切削刃部分越薄越锋利，说明刃磨的角度越大，但强度越低，容易产生崩刃现象，那么如何确定其角度大小呢？

相关知识

一、切削运动

切削加工时，为了获得各种形状的零件，刀具与工件必须具有一定的相对运动，即切削运动。切削运动按其所起的作用可分为主运动和进给运动。

1. 主运动

主运动是由机床或人力提供的运动，它使刀具与工件之间产生主要的相对运动。主运动的特点是速度最高，消耗功率最大。车削时，主运动是工件的回转运动，如图1-1所示。

2. 进给运动

进给运动是由机床或人力提供的运动，它使刀具与工件间产生附加的相对运动。进给运动使被切金属层不断地投入切削，以加工出具有所需几何特性的已加工表面。进给运动的速度较低，消耗功率较小。车削外圆时，进给运动是刀具的纵向运动；车削端面时，进给运动是刀具的横向运动。

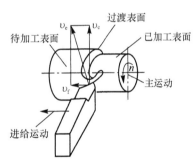

图1-1　车削运动和工件上的表面

主运动的运动形式可以是旋转运动，也可以是直线运动；主运动可以由工件完成，也可以由刀具完成；主运动和进给运动可以同时进行，也可以间歇进行；主运动通常只有一个，而进给运动的数目可以有一个或几个。

3. 合成切削运动

当主运动和进给运动同时进行时，切削刃上某一点相对于工件的运动为合成运动，常用合成速度向量 v_e 来表示，如图1-1所示。

4. 零件表面的形成

切削加工过程中，在切削运动的作用下，工件表面一层金属不断被切下来变为切屑，从而加工出所需要的新的表面，在新表面形成的过程中，工件上有三个依次变化着的表面，它们分别是待加工表面、过渡表面和已加工表面，如图1-1所示。其含义是：

（1）待加工表面。它是即将被切去金属层的表面。

（2）过渡表面。它是切削刃正在切削而形成的表面，它总是介于待加工表面和已加工表面之间，又称加工表面或切削表面。

（3）已加工表面。它是已经切去多余金属层而形成的新表面。

二、刀具切削部分的组成

切削刀具的种类很多，如车刀、刨刀、铣刀、钻头等。它们几何形状各异，复杂程度不等，但它们切削部分的结构和几何角度都具有许多共同的特征。车刀是最常用、最简单和最基本的切削工具，因而最具有代表性。其他刀具都可以看作是车刀的组合或变形。因此，研究金属切削工具时，通常以车刀为例进行研究和分析。

任何刀具都由切削部分和刀杆两部分组成。切削部分承担切削加工任务，刀杆用以装夹在机床刀架上。切削部分由一些面和切削刃组成。如常用的外圆车刀是由三个刀面、两条切削刃和一个刀尖组成的，简称"三面、两刃、一尖"，如图1-2所示。

1. 刀面

（1）前刀面。它是刀具上切屑流过的表面。

（2）主后刀面。它是与工件上过渡表面相对的刀面。

（3）副后刀面。它是与已加工表面相对的刀面。

2. 切削刃

（1）主切削刃。它是前刀面与主后刀面的交线，承担主要的切削工作。

（2）副切削刃。它是前刀面与副刀面的交线，承担少量的切削工作。

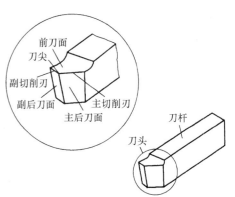

图1-2　车刀的组成

（3）刀尖。它是主、副切削刃的交点，实际上该点不可能磨得很尖，而是一段折线或微小圆弧。

三、刀具标注角度参考系

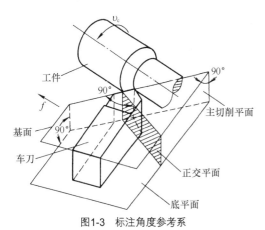

图1-3　标注角度参考系

在刀具设计、制造、刃磨、测量时用于定义刀具几何参数的参考系，称为刀具标注角度参考系或静止参考系。在该参考系中定义的角度称为刀具的标注角度。建立刀具标注角度参考系时，不考虑进给运动，且假定刀尖与工件中心等高，刀杆中心线垂直于工件轴线。

刀具标注角度参考系由以下三个平面组成。

（1）基面 P_r：通过切削刃上某选定点垂直于该点切削速度方向的平面，车刀的基面都平行于它的底面，如图1-3所示。

（2）主切削平面 P_s：通过切削刃某选定点与主切削刃相切并垂直于基面的平面，如图1-3所示。

（3）正交平面 P_o：通过切削刃某选定点并同时垂直于基面和主切削平面的平面，如图1-3所示。

基面 P_r、主切削平面 P_s、正交平面 P_o 三个平面在空间相互垂直，组成一个正交的参考系。这是目前生产中最常用的刀具标注角度参考系。

四、刀具标注角度及作用

在刀具标注角度参考系中确定的切削刃与刀面的方位角度，称为刀具标注角度。由于刀具角度的参考系沿切削刃各点可能是变化的，所以定义的刀具角度均应指明是切削刃选定点处的角度。凡未特殊注明者，则指切削刃上与刀尖毗邻的那一点的角度。

以下所定义的角度，都是普通车刀主切削刃上某一选定点的角度，但这些定义有普遍性。只要清楚车刀上一条主切削刃的情况，车刀副切削刃上的参考系和角度可照此办理；只要在主切削刃有关角度的符号上角加"′"，就是副切削刃上同类角度的符号。其他复杂刀具和多刃刀具，也都可以仿照车刀，用同样的方法对切削刃逐条进行分析研究，以便弄清所有的角度。

车刀切削部分的几何角度，如图1-4所示。

1. 在基面内测量的角度

（1）主偏角κ_r。主刀刃在基面上的投影与走刀方向之间的夹角是主偏角。它的作用是改变主刀刃与刀头的受力和散热情况。减小主偏角，主刀刃参加切削的长度增加，负荷减轻，同时加强了刀尖，增大了散热面积，可使刀具寿命提高。但减小主偏角会使吃刀抗力增大，当加工刚性较弱的工件时，易引起工件变形和振动。

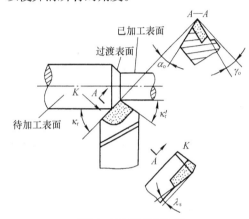

图1-4 车刀的几何角度

（2）副偏角κ_r'。副刀刃在基面上的投影与背离走刀方向之间的夹角是副偏角。它的大小会影响副刀刃与工件已加工表面之间的摩擦，影响工件的表面加工质量及车刀的强度。

（3）刀尖角ε_r。主刀刃与副刀刃在基面上投影之间的夹角是刀尖角。刀尖角的大小会影响刀具切削部分的强度和传热性能。它与主偏角和副偏角的关系如下：

$$\varepsilon_r=180°-(\kappa_r+\kappa_r') \tag{1-1}$$

2. 在正交平面内测量的角度

（1）前角γ_o。前刀面与基面之间的夹角是前角。当前刀面与基面平行时，前角为零。基面在前刀面以内，前角为负；基面在前刀面以外，前角为正。

前角的作用是使车刀刃口锋利，减少切削变形，切削时省力，并使切屑容易排出。但前角过大，会使刀刃和刀尖强度下降，刀具导热体积减小，从而影响刀具寿命。

（2）后角α_o。后角在主正交平面中度量，它是主后刀面与切削平面间的夹角。如在副正交平面中度量，它是副后刀面与副切削刃切削平面间的夹角，即为副后角α_o'。它们的主要作用是减少车刀后面与工件之间的摩擦，减少刀具磨损。但后角过大，会使刀刃强度下降，刀具导热体积减小，反而会加快主后刀面的磨损。

（3）楔角β_o。楔角是前刀面与后刀面间的夹角。楔角的大小将影响切削部分截面的大小，决定着切削部分的强度。它与前角γ_o和后角α_o的关系如下：

$$\beta_o=90°-(\gamma_o+\alpha_o) \tag{1-2}$$

3. 在切削平面内测量的角度

刀倾角λ_s是主切削刃与基面间的夹角，如图1-5所示。

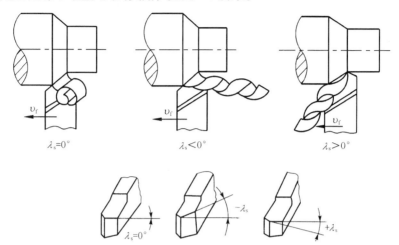

$\lambda_s=0°$　　　　$\lambda_s<0°$　　　　$\lambda_s>0°$

$\lambda_s=0°$　　　$-\lambda_s$　　　$+\lambda_s$

图1-5　λ_s的正负规定及切屑流出方向

刀倾角的主要作用是控制切屑的排出方向和影响刀头的强度。刀尖处于最高点时，刃倾角为正，切屑流向待加工表面；刀尖处于最低点时，刃倾角为负，切屑流向已加工表面；切削刃平行于底面时，刃倾角为零，切屑垂直加工表面流出。粗加工时为增强刀尖强度，λ_s常取负值；精加工时为防止切屑划伤已加工表面，λ_s常取正值或零。

上述的几何角度中，最常用的是前角（γ_o）、后角（α_o）、主偏角（κ_r）、副偏角（κ_r'）和刃倾角（λ_s），通常称为基本角度。在刀具切削部分的几何角度中，上述基本角度能完整地表达出车刀切削部分的几何形状，反映出刀具的切削特点。

▌知识拓展

一、车刀角度的画法

绘制刀具角度图时，首先应判断或假定刀具的进给运动方向，即确定哪条是主切削刃，哪条是副切削刃，然后根据判断情况确定基面、切削平面及正交平面内的标注角度。以普通外圆车刀为例，刀具角度的标注步骤如下：

（1）在基面上标出主偏角κ_r、副偏角κ_r'和刀尖角ε_r；

（2）在主切削平面内标注出前角γ_o、后角α_o和楔角β_o；

（3）画出切削平面，标注出刃倾角λ_s；

（4）对于副切削刃角度，同样可在副切削刃剖面中标注出。

二、90°偏刀的角度标注

90°偏刀指的是主偏角为90°的外圆车刀，它用来车削外圆、台阶和端面。由于其主偏角大，切削时产生的背向切削力小，故很适宜车制细长的轴类工件。假设车刀以纵向进给车外圆，其几何角度的标注如图1-6所示。

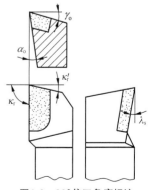

图1-6　90°偏刀角度标注

思考与练习

（1）刀具正交平面参考系 P_r、P_s、P_o 及其刀具角度 γ_0、α_0、κ_r、κ_r'、λ_s 如何定义？用图表示之。

（2）试述前角 γ_0、后角 α_0、主偏角 κ_r、副偏角 κ_r'、刃倾角 λ_s 的作用。

（3）标注 45° 弯头车刀、切断刀的五个基本角度。

刀具的工作角度

任务 3 的具体内容是，掌握刀具工作角度的定义，掌握进给运动对工作角度的影响及刀具安装高低对工作角度的影响。通过这一具体任务的实施，能够了解实际加工中切断刀容易折断的原因和螺纹刀进刀方向的后角必须大的原因。

知识点与技能点

（1）刀具的工作角度。

（2）进给运动对刀具工作角度的影响。

（3）刀具安装对工作角度的影响。

工作情景分析

在零件加工中，经常要用切断刀切断或切槽，有时切断刀的刀头越到工件中心处越容易折断，这是为什么？另外，在车大螺距的螺纹时，越到牙底处进刀方向的后刀面和工件摩擦越严重，这是为什么？

相关知识

一、刀具的工作角度

在前述定义刀具的标注角度时，曾作过如下假设：不考虑进给运动的影响，车刀刀尖和工件中心等高且车刀刀杆中心线垂直于工件轴线安装。然而刀具在实际工作中，不可能完全符合上述条件，从而使刀具角度的参考系发生了变化，形成了区别于刀具标注角度的刀具工作角度。其符号的表示方法为：在相应标注角度右下标后再加英文字母 "e" 如 γ_{oe}、α_{oe}。

通常的进给运动速度远小于主运动速度，因此刀具的工作角度近似地等于标注角度（差别不大于 1°）。对多数切削加工，如普通车削、镗孔、周铣、端铣等来说，无需进行工作角度的计算。只有在进给速度或刀具的安装对切削角度的大小产生显著影响（如车丝杆或多线螺杆及有意将刀具位置装高、装低或左右倾斜）时，才需计算刀具的工作角度。

二、进给运动对刀具工作角度的影响

进给运动对刀具工作角度的影响主要有以下两种。

1. 横向进给运动对工作角度的影响

以图 1-7 所示的切断刀加工情况为例。在不考虑进给运动时，车刀主切削刃选定点相对于工件的运动轨迹为一圆周，切削平面 P_s 为通过该点切于圆周的平面，基面 P_r 为平行于刀杆底面同时垂直于 P_s 的平面，γ_o 和 α_o 为标注前角和后角。当考虑到切断刀的横向直线进给运动时，该点相对于工件的运动轨迹为阿基米德螺旋线，切削平面成为通过该点切于阿基米德螺旋线的平面 P_{se}，基面变为 P_{re} 而始终垂直于 P_{se}，这时的工作前、后角分别为 γ_{oe} 和 α_{oe}。

由图 1-7 可知其值分别为：

$$\gamma_{oe} = \gamma_o + \mu \tag{1-3}$$

$$\alpha_{oe} = \alpha_o - \mu \tag{1-4}$$

式中，μ——合成切削速度角，它是主运动方向与合成切削速度方向间的夹角。

在一般的进给量下，当切削刃离工件中心 1mm 时，$\mu \approx 1°40'$；而当切削刃进一步接近工件中心时，μ 值急剧增大，这时的工作后角 α_{oe} 变为负值。使刀具后面和过渡表面间产生剧烈摩擦，甚至出现抗刀现象而使切削无法进行。一般在切断工件时，工件在剩下直径 1mm 左右就被挤断，切断面中心有一个小凸台，甚至还会产生打刀现象，就是由于 α_{oe} 为负值的原因。

2. 纵向进给运动对工作角度的影响

道理同上，纵向进给运动时也是由于工作中基面和切削平面发生了变化，从而引起了工作角度的变化。如图 1-8 所示，在假定进给剖面 P_f（通过切削刃上选定点，平行于假定进给运动方向，并垂直于基面的平面）内，假定车刀 $\lambda_s = 0°$，如不考虑进给运动，则基面 P_r 平行于刀杆底面，切削平面 P_s 垂直于刀杆底面。若考虑进给运动，则过切削刃上选定点的相对速度是合成切削速度 V_e 而不是主运动 V_c，故刀刃上选定点相对于工件表面的运动就是螺旋线。这时基面 P_r 和切削平面 P_s 就会在空间偏转一定的角度 μ_f，则工作角度为：

$$\gamma_{fe} = \gamma_f + \mu_f \tag{1-5}$$

$$\alpha_{fe} = \alpha_f - \mu_f \tag{1-6}$$

$$\tan\mu_f = f\sin\kappa_r / (\pi d_w) \tag{1-7}$$

式中，f——进给量，mm/r；

d_w——工件外径，mm。

由上式可看出刀具的工作前角 γ_{fe} 增大，工作后角 α_{fe} 减小。由式（1-7）可知，进给量 f 越大，工件直径 d_w 越小，则工作角度值的变化就越大。一般车削时，由进给运动所引起的 μ_f 值不超过 $30' \sim 1°$，故其影响常可忽略。但是在车削大螺距螺纹或蜗杆时，进给量 f 很大，故 μ_f 值较大，此时就必须考虑它对刀具工作角度的影响。

三、刀具安装对工作角度的影响

1. 刀尖安装高低对工作角度的影响

（1）车刀刀尖高于工件中心线，如图 1-9 所示。

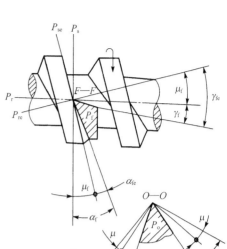

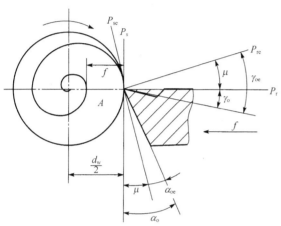

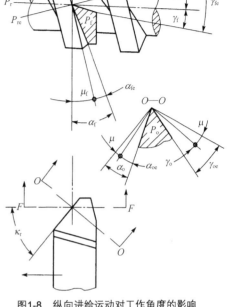

图1-7　横向进给运动对工作角度的影响　　　　图1-8　纵向进给运动对工作角度的影响

车刀装高时，由于车刀的刀尖高于工件中心，从而使实际的基面和切削平面相对于标注角度参考坐标平面产生 θ 角的偏转，这时刀具的工作前角 γ_{oe} 增大，而工作后角 α_{oe} 减小，其变化值均为 θ。即

$$\gamma_{oe}=\gamma_o+\theta \tag{1-8}$$

$$\alpha_{oe}=\alpha_o-\theta \tag{1-9}$$

式中，θ ——前角增大和后角减小的角度增量，°。

（2）车刀刀尖低于工件中心线，如图 1-10 所示。

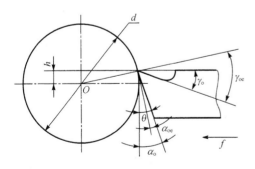

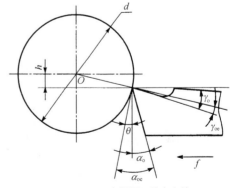

图1-9　刀尖高于工件中心线　　　　　　　图1-10　刀尖低于工件中心线

车刀装低时，则工作角度的变化情况正好与前者相反。

2. 刀杆安装偏斜对工作角度的影响

（1）刀杆向右偏斜，如图 1-11 所示。

当刀杆中心线与进给运动方向不垂直，刀杆向右偏斜时，此时刀杆垂线与进给方向产生 θ 角的偏转，将引起工作主偏角 κ_{re} 与副偏角 κ'_{re} 的变化，即

$$\kappa_{re} = \kappa_r + \theta_A \qquad (1\text{-}10)$$

$$\kappa'_{re} = \kappa'_r - \theta_A \qquad (1\text{-}11)$$

式中，θ_A——刀杆中心线与进给方向的垂线之间的夹角。

（2）刀杆向左偏斜，如图 1-12 所示。刀杆向左偏斜，则工作角度的变化情况正好与前者相反。

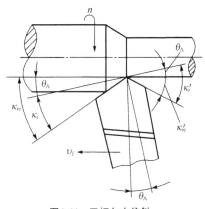

图1-11　刀杆向右偏斜

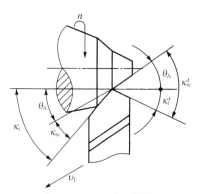

图1-12　刀杆向左偏斜

知识拓展

实际生产中一般允许车刀刀尖高于或低于工件中心 $0.01d$（d 为工件直径）。在镗孔时，为了使切削顺利，避免车刀因刚度差产生扎刀而把孔车大，对整体单刃车刀，允许刀尖高于工件中心 $0.01D$（D 为孔径）。对刀杆上安装小刀头的车刀，由于结构的需要，一般取 $h=0.05D$。在切断材料或车端面时，刀尖应严格安装到工件的中心位置，否则容易造成打刀现象。

思考与练习

（1）试述刀具的标注角度与工作角度的区别。

（2）切断刀的哪个角度会影响其切削是否顺利？

 认识常用刀具

任务 4 的具体内容是，认识常用的车刀、铣刀和麻花钻。通过这一具体任务的实施，能够了解不同形状的刀具用途及如何选择。

知识点与技能点

（1）车刀结构及选用原则。

（2）铣刀结构及选用原则。

（3）麻花钻的几何角度。

工作情景分析

在实际加工中，要根据零件的形状及生产批量的不同而选择不同的刀具，因此熟悉各种刀具的使用性能对提高加工效率就显得非常重要了。

相关知识

一、车刀

（一）常用车刀

1. 按用途分类

车刀可分为外圆车刀、内孔车刀、端面车刀、切断车刀、螺纹车刀，如图1-13所示。

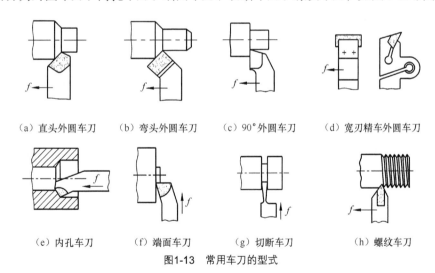

（a）直头外圆车刀　　（b）弯头外圆车刀　　（c）90°外圆车刀　　（d）宽刃精车外圆车刀

（e）内孔车刀　　（f）端面车刀　　（g）切断车刀　　（h）螺纹车刀

图1-13　常用车刀的型式

2. 按结构分类

车刀按结构可分为焊接式车刀、整体式车刀、机夹车刀、可转位车刀、成形车刀等。

（1）焊接式车刀。将硬质合金刀片用焊接的方法固定在刀体上称为焊接式车刀。这种车刀的优点是结构简单，制造方便，刚性较好。其缺点是由于存在焊接应力，使刀具材料的使用性能受到影响，甚至出现裂纹。另外，硬质合金刀片不能充分回收利用，造成刀具材料的浪费。

根据工件加工表面以及用途不同，焊接式车刀又可分为切断刀、外圆车刀、端面车刀、内孔车刀、螺纹车刀以及成形车刀等，如图1-14所示。

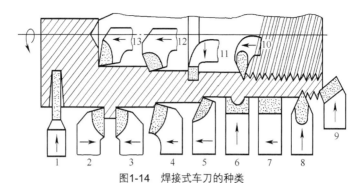

图1-14　焊接式车刀的种类

1—切断刀；2—90°左偏刀；3—90°右偏刀；4—弯头车刀；5—直头车刀；6—成形车刀；7—宽刃精车刀；
8—外螺纹车刀；9—端面车刀；10—内螺纹车刀；11—内槽车刀；12—通孔车刀；13—盲孔车刀

（2）整体车刀。如图 1-15 所示，整体车刀就是用整块高速钢做成长条形状的车刀，俗称"白钢刀"。其刃口可磨得较锋利，主要用于小型车床或加工有色金属。

（3）机夹可转位车刀。如图 1-16 所示，机械夹固式可转位车刀由刀杆 1、刀片 2、刀垫 3 以及夹紧元件 4 组成。刀片每边都有切削刃，当某切削刃磨损钝化后，只需松开夹紧元件，将刀片转成一个位置便可继续使用。

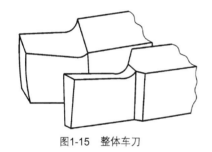

图1-15　整体车刀

图1-16　机械夹固式可转位车刀

1—刀杆；2—刀片；3—刀垫；4—夹紧元件

刀片是机夹可转位车刀的一个最重要组成元件，按照国标 GB 2076—87，大致可分为带圆孔、带沉孔以及无孔三大类。其形状有：三角形、正方形、五边形、六边形、圆形以及菱形等共 17 种，如图 1-17 所示。

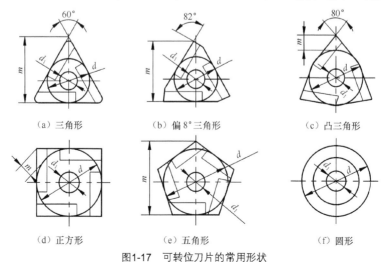

（a）三角形　　　　　　（b）偏8°三角形　　　　　　（c）凸三角形

（d）正方形　　　　　　（e）五角形　　　　　　（f）圆形

图1-17　可转位刀片的常用形状

（4）成形车刀。成形车刀是一种加工回转体成型表面的专用刀具，它的刃形是根据工件的廓形设计的，可在各类车床上加工内、外回转体的成型表面。与普通车刀相比，成形车刀具有加工精度稳定、零件表面形状和尺寸精度一致性好、生产率高等优点。并且其刀具刃磨简单，只磨前刀面即可。成形车刀设计、制造麻烦，成本较高，一般只用于大批量生产。

成形车刀按其结构和形状一般分为三大类：平体成形车刀、棱体成形车刀和圆体成形车刀，如图 1-18 所示。

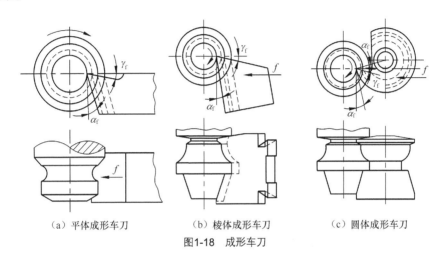

（a）平体成形车刀　　　　　（b）棱体成形车刀　　　　　（c）圆体成形车刀

图1-18　成形车刀

（二）车刀几何角度的选择原则

1. 前角的选择

常用值 $\gamma_o = 5° \sim 35°$。

前角较大时，刀具较锋利，切削能力强，切削过程轻快，阻力小，零件表面质量也较高。但是，前角增大，刀具强度降低，实体尺寸减小，容易磨损，而且在较大切削力作用下容易崩刃。前角较小时，刀具实体尺寸加大，强度提高，但是切削刃变钝，切削阻力增大。具体选择如下。

① 车削脆性材料或硬度较高的材料，选较小的前角；否则，选较大的前角。

② 粗加工时应选较小的前角；精加工时应选较大的前角。

③ 车刀材料的强度、韧性较差，前角取小值，如高速钢选较大前角，硬质合金选较小前角。

④ 在重切削和有冲击的工作条件时，前角只能取较小值，有时甚至取负值。

2. 后角的选择

常用值 $\alpha_o = 5° \sim 12°$。

与前角类似，后角越大，刀具后刀面与工件加工表面间的摩擦越小，切削刃锋利，切削阻力小，但是此时刀具强度低、磨损快；后角越小，切削刃强度越高，散热好，但摩擦加剧。具体选择如下。

① 车削脆性材料或硬度较高的材料，选较小的后角；否则，选较大的后角。

② 粗加工时应选较小的后角；精加工时选较大的后角。

③ 车刀材料的强度、韧性较差，后角取小值。

3. 主偏角的选择

常用值 45°、75°、90°。

主偏角主要影响切削层截面的形状和几何参数,影响切削分力的变化,并和副偏角一起影响已加工表面粗糙度。具体选择如下。

① 工件刚性差,应选较大的主偏角。

② 加工阶台轴类的工件,取 $\kappa_r > 90°$。

③ 车削硬度较高的工件,选较小的主偏角。

4. 副偏角的选择

副偏角的作用是减小副切削刃和副后刀面与已加工表面摩擦。具体选择如下。

① 一般取 $\kappa_r'=6°\sim8°$。

② 精车时副偏角选稍小些。

5. 刃倾角的选择

刃倾角主要影响刀头的强度和切屑流动的方向。具体选择如下。

① 车削一般钢料和铸铁时,无冲击的粗车刃倾角 $\lambda_s=-5°\sim0°$。

② 在精车加工时取 $\lambda_s=0°\sim5°$。

③ 有冲击负荷时,取 $\lambda_s=-15°\sim-5°$;当冲击载荷特别大时 $\lambda_s=-45°\sim-30°$。

④ 切削高强度钢、冷硬钢时为提高刀头强度,可取 $\lambda_s=-30°\sim-10°$。

二、铣刀

(一)常用铣刀

铣刀的种类很多,按安装方法可分为带孔铣刀和带柄铣刀两大类。带孔铣刀(见图 1-19),一般用于卧式铣床,带柄铣刀(见图 1-20),多用于立式铣床。

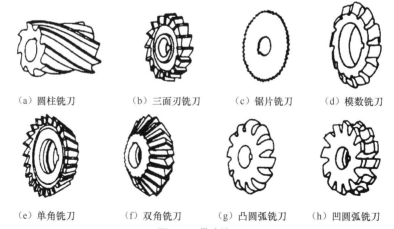

| (a)圆柱铣刀 | (b)三面刃铣刀 | (c)锯片铣刀 | (d)模数铣刀 |

| (e)单角铣刀 | (f)双角铣刀 | (g)凸圆弧铣刀 | (h)凹圆弧铣刀 |

图1-19　带孔铣刀

在金属切削加工中,铣刀是最常用的平面加工刀具。铣刀不但能完成简单平面的加工,而且还能完成不同方位平面的加工,或由多个简单平面构成的表面的加工,如图 1-21 所示。

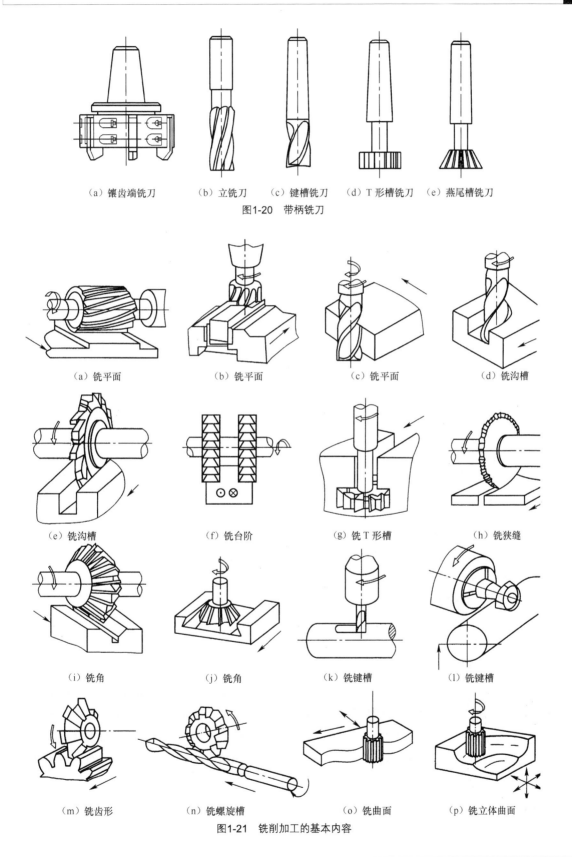

（a）镶齿端铣刀　（b）立铣刀　（c）键槽铣刀　（d）T形槽铣刀　（e）燕尾槽铣刀

图1-20　带柄铣刀

（a）铣平面　　　（b）铣平面　　　（c）铣平面　　　（d）铣沟槽

（e）铣沟槽　　　（f）铣台阶　　　（g）铣T形槽　　　（h）铣狭缝

（i）铣角　　　（j）铣角　　　（k）铣键槽　　　（l）铣键槽

（m）铣齿形　　　（n）铣螺旋槽　　　（o）铣曲面　　　（p）铣立体曲面

图1-21　铣削加工的基本内容

（二）铣刀的选用

1. 铣刀直径的选择

铣刀直径的选用视产品及生产批量的不同差异较大，刀具直径的选用主要取决于设备的规格和工件的加工尺寸。

（1）平面铣刀。选择平面铣刀直径时主要应考虑刀具所需功率应在机床功率范围之内，也可将机床主轴直径作为选取的依据。平面铣刀直径可按 $D = 1.5d$（d 为主轴直径）选取。在批量生产时，也可按工件切削宽度的 1.6 倍选择刀具直径。

（2）立铣刀。立铣刀直径的选择主要应考虑工件加工尺寸的要求，并保证刀具所需功率在机床额定功率范围以内。如用小直径立铣刀，则应主要考虑机床的最高转数能否达到刀具的最低切削速度（60m/min）。

（3）槽铣刀。槽铣刀的直径和宽度应根据加工工件尺寸选择，并保证其切削功率在机床允许的功率范围之内。

2. 铣刀的齿数（齿距）选择

铣刀齿数多，可提高生产效率，但受容屑空间、刀齿强度、机床功率及刚性等的限制，不同直径的铣刀的齿数均有相应规定。为满足不同用户的需要，同一直径的铣刀一般有粗齿、中齿、密齿三种类型。

（1）粗齿铣刀。它适用于普通机床的大余量粗加工和软材料或切削宽度较大的铣削加工；当机床功率较小时，为使切削稳定，也常选用粗齿铣刀。

（2）中齿铣刀。它是通用系列，使用范围广泛，具有较高的金属切除率和切削稳定性。

（3）密齿铣刀。它主要用于铸铁、铝合金和有色金属的大进给速度切削加工。在专业化生产中，为充分利用设备功率和满足生产节奏要求，也常选用密齿铣刀。

为防止工艺系统出现共振，使切削平稳，还有一种不等分齿距铣刀。在铸钢、铸铁件的大余量粗加工中建议优先选用不等分齿距的铣刀。

三、麻花钻

1. 麻花钻的结构

麻花钻是使用最广泛的一种孔加工刀具，不仅可以在一般材料上钻孔，经过修磨还可在一些难加工材料上钻孔。

麻花钻属于粗加工刀具，可达到的尺寸公差等级为 IT13～IT11，表面粗糙度 Ra 值为 25～12.5μm。麻花钻呈细长状，麻花钻的工作部分包括切削部分和导向部分，它有两个对称的、较深的螺旋槽用来形成切削刃和前角，并起着排屑和输送切削液的作用。沿螺旋槽边缘的两条棱边用于减小钻头与孔壁的摩擦面积。其切削部分有两个主切削刃、两个副切削刃和一个横刃。横刃处有很大的负前角，主切削刃上各点前角、后角是变化的，钻心处前角接近 0°，甚至负值，对切削加工十分不利，如图 1-22 所示。

（1）工作部分。工作部分包括切削部分和导向部分。切削部分承担切削工作，导向部分的作用在于切削部分切入孔后起导向作用，也是切削部分的备磨部分。为了减小与孔壁的摩擦，一方面在导向圆柱面上只保留两个窄棱面，另一方面沿轴向做出每100 mm 长度上有0.03～0.12mm 的倒锥度。为了提高钻头的刚度，工作部分两刃瓣间的钻心直径 d_c（$d_c \approx 0.125d_o$）沿轴向做出每 100mm 长度上有 1.4～1.8mm 的正锥度（见图 1-22（d））。

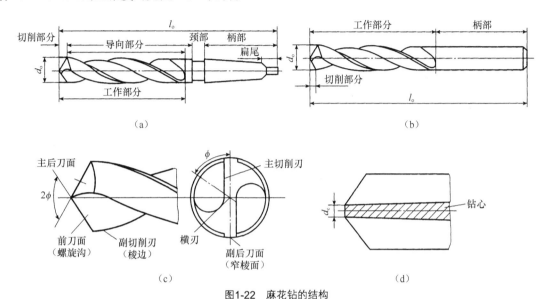

图1-22　麻花钻的结构

（2）柄部。柄部是钻头的夹持部分，用以与机床尾座孔配合并传递扭矩。柄部有直柄（小直径钻头）和锥柄之分。锥柄部末端还做有扁尾。

（3）颈部。颈部位于工作部分与柄部之间，可供退刀时使用，也是打标记之处。为了制造上的方便，直柄钻头无颈部。

2. 麻花钻切削部分的组成

切削部分由两个前刀面、两个后刀面、两个副后刀面、两条主切削刃、两条副切削刃和一条横刃组成，如图 1-22（c）所示。

（1）前刀面。前刀面即螺旋沟表面，是切屑流经表面，起容屑、排屑作用，需抛光以使排屑流畅。

（2）主后刀面。主后刀面与加工表面相对，位于钻头前端，形状由刃磨方法决定，可为螺旋面、圆锥面或平面、手工刃磨的任意曲面。

（3）副后刀面。副后刀面是与已加工表面（孔壁）相对的钻头外圆柱面上的窄棱面。

（4）主切削刃。主切削刃是前刀面（螺旋沟表面）与后刀面的交线，标准麻花钻主切削刃为直线（或近似直线）。

（5）副切削刃。副切削刃是前刀面（螺旋沟表面）与副后刀面（窄棱面）的交线，即棱边。

（6）横刃。横刃是两个（主）后刀面的交线，位于钻头的最前端，也称钻尖。

3. 麻花钻切削部分的几何角度

（1）螺旋角 β。螺旋角是钻头最外缘处螺旋线的切线与钻头轴线的夹角，如图 1-23 所示。

钻头不同直径处的螺旋角不同，外径处螺旋角最大，越接近中心螺旋角越小。增大螺旋角则前角增大，有利于排屑，但钻头刚度下降。标准麻花钻的螺旋角 $\beta=18°\sim38°$。黄铜、软青铜的螺旋角 $\beta=10°\sim17°$；轻合金、紫铜的螺旋角 $\beta=35°\sim40°$；高强度钢、铸铁的螺旋角 $\beta=10°\sim15°$。

（2）锋角（顶角）2ϕ。锋角是两主切削刃在与它们平行的平面上投影的夹角，如图 1-23 所示。

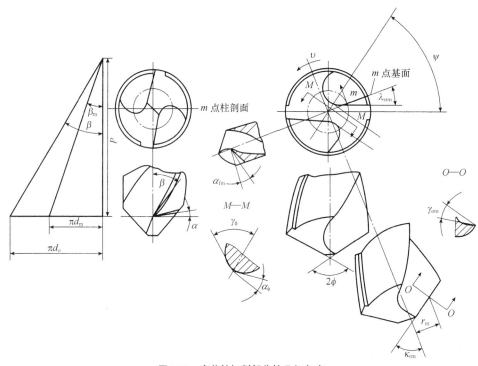

图1-23　麻花钻切削部分的几何角度

较小的锋角容易切入工件，轴向抗力较小，且使切削刃工作长度增加，有利于散热和提高刀具耐用度；若锋角过小，则钻头强度减弱，变形增加，钻头容易折断。因此，应根据工件材料的强度和硬度来刃磨合理的锋角，标准麻花钻的锋角 $2\phi=118°$，此时两条主切削刃呈直线；若磨出的锋角 $2\phi>118°$，则主切削刃呈凹形；若 $2\phi<118°$，则主切削刃呈凸形。

（3）前角 γ_{om}。前角是在正交平面内测量的前刀面与基面间的夹角，如图 1-23 所示。

由于钻头的前刀面是螺旋面，且各点处的基面和正交平面位置亦不相同，故主切削刃上各处的前角也是不相同的，前角的值由外缘向中心逐渐减小。在图样上，钻头的前角不予标注，而用螺旋角表示。

（4）后角 α_{fm}。后角是在假定工作平面内测量的切削平面与主后刀面之间的夹角，如图 1-23 所示。

钻头的后角是刃磨得到的，刃磨时要注意使其外缘处磨得小些（8°～10°），靠近钻心处要磨的大些（20°～30°）。这样刃磨的原因是可以使后角与主切削刃前角的变化相适应，使各点的楔角大致相等，从而达到其锋利程度，强度、耐用度相对平衡；其次能弥补由于钻头的轴向进给运动而使刀刃上各点实际工作后角减少一个该点的合成速度所产生的影响。

（5）主偏角 κ_{rm}。主偏角是主切削刃选定点 m 的切线在基面投影与进给方向的夹角，如图 1-23 所示。

麻花钻的基面是过切削刃选定点包含钻头轴线的平面。由于钻头主切削刃不通过轴心线，故主切削刃上各点基面不同，各点的主偏角也不同。当锋角磨出后，各点主偏角也随之确定。

（6）横刃斜角 ψ。横刃斜角是主切削刃与横刃在垂直于钻头轴线的平面上投影的夹角。当麻花钻后刀面磨出后，ψ 自然形成。横刃斜角 ψ 增大，则横刃长度和轴向抗力减小。标准麻花钻的横刃斜角为 50°～55°。

知识拓展

铰刀

铰刀用于孔的半精加工和精加工。由于加工余量小，刀齿数目多（Z=6～12），并且有较长的修光刃，切削比较平稳，因此加工精度和表面质量都很高。

常用铰刀种类如图 1-23 所示。

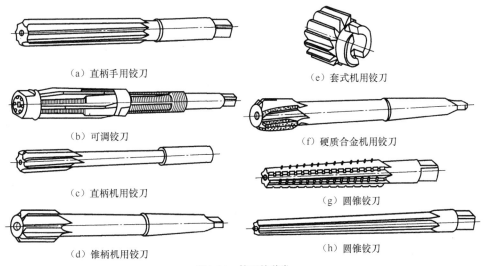

（a）直柄手用铰刀

（e）套式机用铰刀

（b）可调铰刀

（f）硬质合金机用铰刀

（c）直柄机用铰刀

（g）圆锥铰刀

（d）锥柄机用铰刀

（h）圆锥铰刀

图1-24　铰刀的种类

按使用方法的不同，铰刀分为手用铰刀和机用铰刀。铰刀的结构形状如图 1-25 所示。手用铰刀多为直柄，铰削直径为 1～50mm，手用铰刀的工作部分较长，锥角较小，导向作用好，可以防止手工铰孔时铰刀歪斜。机用铰刀多为锥柄，铰削直径为 10～80mm。机用铰刀可安装在钻床、车床、铣床和镗床上铰孔。

铰刀的工作部分包括切削部分和修光部分。切削部分呈锥形，担负主要的切削工作。修光部分用于矫正孔径、修光孔壁和导向。修光部分的后部具有很小的倒锥，以减少与孔壁之间的摩擦和防止铰削后孔径扩大。

铰刀有 6～12 个刀齿，刃带与刀齿数相同，切削槽浅，刀芯粗壮。因此，铰刀的刚度和导向性比麻花钻要好得多。

铰刀的锥角 2ϕ 相当于麻花钻的锋角。半锥角 ϕ 过大，则轴向力较大，刀具定位精度低；半锥角 ϕ 过小，则不利于排屑。手用铰刀的半锥角 ϕ 为 0.5°～1.5°，机用铰刀的半锥角 ϕ 为 5°～15°。铰削塑性、韧性材料时，ϕ 取较大值；铰削脆性材料时，ϕ 取较小值。

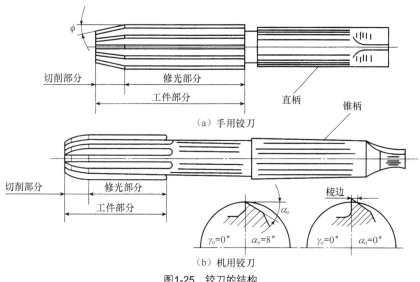

（a）手用铰刀

（b）机用铰刀

图1-25　铰刀的结构

　　铰刀的前角一般为 $0°$，加工韧性材料的粗铰刀，前角可取 $5°\sim15°$。后角大小影响刀齿强度和表面粗糙度。在保证质量的条件下，应选较小的后角。切削部分的后角一般为 $5°\sim8°$，修光部分的后角为 $0°$。图 1-25（b）所示左局部视图是切削部分刀齿的前、后角，而右局部视图是修光部分刀齿的前、后角。

思考与练习

　　（1）外圆车刀几何角度的选择原则有哪些？

　　（2）车刀按结构不同有哪几种类型，各有什么特点？

　　（3）铣刀直径应如何选择？

　　（4）标准高速钢麻花钻由哪几部分组成？切削部分包括哪些几何参数？

　　（5）对麻花钻的后角有什么要求？

Chapter 2

项目二

金属切削原理

切削要素

任务 1 的具体内容是，掌握切削用量三要素，了解切削层的尺寸与切削用量三要素的关系。通过这一具体任务的实施，能够根据加工条件选用合适的切削用量。

┃知识点与技能点┃

（1）切削用量三要素及其选择。

（2）切削层参数。

（3）切削方式。

┃工作情景分析┃

在生产加工中如何提高生产效率？如何保证加工表面质量？看似简单的问题，如果忽略切削加工的实际规律，看似能够提高生产效率，实际上却是"欲速则不达"，往往达不到加工要求。实际上金属切削加工是一个各个要素相互之间有着复杂影响的生产系统，因此学习好本任务对保证加工质量、提高生产效率和降低成本有着重要的作用。

相关知识

一、切削用量

切削用量是切削加工中切削速度、进给量和背吃刀量（切削深度）的总称。其数值的大小反映了切削运动的快慢以及刀具切入工件的深浅。图 2-1 所示为车削加工的切削用量要素。一般常把切削速度、进给量和背吃刀量称为切削用量三要素。

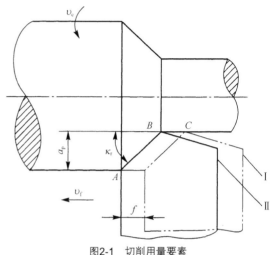

图2-1　切削用量要素

1. 切削用量三要素

（1）切削速度 v_c。刀具切削刃上选定点相对工件主运动的瞬时线速度称为切削速度，用 v_c 表示，单位为 m/s 或 m/min。当主运动是旋转运动时，切削速度计算公式为：

$$v_c = \frac{\pi dn}{1000} \text{m/s或m/min} \qquad （2-1）$$

式中，d——工件加工表面或刀具选定点的旋转直径，mm；

　　　n——主轴的转速，r/s 或 r/min。

在当前生产中，磨削单位用米/秒（m/s），其他加工的切削单位习惯用米/分（m/min）。即使转速一定，而切削刃上各点由于工件直径不同，切削速度也会不同。考虑到切削速度对刀具磨损和已加工质量有影响，在计算时，应取最大的切削速度，如外圆车削时计算待加工表面上的速度，内孔车削时计算已加工表面上的速度，钻削时计算钻头外径处的速度。

（2）进给量 f。工件或刀具每转一周，刀具在进给方向上相对工件的位移量，称为每转进给量，简称进给量，用 f 表示，单位为 mm/r。单位时间内刀具在进给运动方向上相对工件的位移量，称为进给速度，用 v_f 表示，单位为 mm/s 或 m/min。

对于刨削、插削等主运动为往复直线运动的加工，虽然可以不规定进给速度，却需要规定间歇进给的进给量，其单位为 mm/d.st（毫米/双行程）。

对于铣刀、铰刀、拉刀、齿轮滚刀等多刃切削工具，在它们进行工作时，还应规定每一个刀齿的进给量，即后一个刀齿相对于前一个刀齿的进给量，单位是 mm/Z（毫米/齿）。

$$v_f = f \cdot n = f_Z \cdot Z \cdot n \qquad （2-2）$$

（3）背吃刀量（切削深度）a_p。工件已加工表面和待加工表面之间的垂直距离，称为背吃刀量，用 a_p 表示，单位为 mm。车外圆时背吃刀量 a_p 为：

$$a_p = \frac{d_w - d_m}{2} \qquad （2-3）$$

式中，d_m——已加工表面直径，mm。

　　　d_w——待加工表面直径，mm。

二、切削用量的选择

切削加工中，切削速度（v_c）、进给量（f）和切削深度（a_p）这三个参数是相互关联的。在粗加工中，为了提高效率，一般采用较大的切削深度（a_p），此时切削速度（v_c）和进给量（f）相对较小，选择原则是先定 a_p，次选 f，最后定 v_c。而在半精加工和精加工阶段，一般采用较大的切削速度（v_c）、较小的进给量（f）和切削深度（a_p），以获得较好的加工质量（包括表面粗糙度、尺寸精度和形状精度），选择原则与粗加工相反。

1. 切削深度的选择

粗加工时（表面粗糙度 $Ra50\sim12.5\mu m$）加工余量较多，这时对工件精度和粗糙度要求不高。在允许的条件下，尽量一次切除该工序的全部余量，背吃刀量一般为 $2\sim6mm$。但切削深度过大会引起振动，甚至损坏机床和刀具。因此，当余量较大些，不能一次切除时，可分几刀切削。

快速铸件和锻件的表面很不平整，并附有型砂或氧化皮，其表面的硬度很高，容易使刀具快速磨损，所以第一次走刀，一定要选择较大的切削深度，将冷硬层一刀除去。这样做不仅能减小对刀具的冲击，而且由于刀具已深入工件里层，避免了和硬度较高的表面层接触，从而减小了刀尖的磨损。如分两次走刀，则第一次背吃刀量应尽量取大些，第二次背吃刀量尽量取小些。

半精加工时（表面粗糙度 $Ra6.3\sim3.2\mu m$），背吃刀量为 $0.5\sim2mm$。

精加工时（表面粗糙度 $Ra1.6\sim0.8\mu m$），背吃刀量为 $0.1\sim0.4mm$。

2. 进给量的选择

粗加工时，进给量主要考虑工艺系统所能承受的最大进给量。在机床、刀具、工件允许的情况下，进给量应尽可能选大些，这样可以缩短走刀时间，提高生产率，一般选 $0.3\sim1.5mm/r$。

精加工和半精加工时，最大进给量主要考虑加工精度和表面粗糙度，所以要选小一些。另外还要考虑工件材料，刀尖圆弧半径、切削速度等，一般选 $0.06\sim0.3mm/r$。

3. 切削速度的选择

切削速度的大小是根据刀具材料及其几何形状、工件材料、进给量和切削速度、冷却液使用情况、车床动力和刚性、车削过程的实际情况等诸因素来决定的。决不能错误地认为切削速度越大越好，应根据具体情况选取。一般切削速度的选取原则是：

（1）粗车时，应选较低的切削速度，精加工时选择较高的切削速度；

（2）加工材料的强度、硬度较高时，刀具材料容易磨损，应选较低的切削速度，反之选取较高的切削速度；

（3）刀具材料的切削性能越好，选取的切削速度越高。如硬质合金刀具选取较高的切削速度，而高速钢要选用较低的切削速度。

切削速度究竟选多大才好呢？这一点很难给出确切的数据，因为同时影响切削速度的因素是较多的。实际生产中，可根据图表或有关手册来确定切削速度，也可由经验确定。一般地来说，对于高速钢刀具，如果切下来的切屑是白色的或黄色的，那么所选的切削速度大体上是合适的。对于硬质合金刀具，切下来的切屑是蓝色的，表明切削速度是合适的。如果切削时出现火花，说明切削速度太高。如果切屑呈白色，说明切削速度还可以提高。

三、切削层参数

在切削过程中，刀具的刀刃在一次走刀中从工件待加工表面上切下的金属层，称为切削层。切削层的截面尺寸被称为切削层参数。

如图 2-2 所示，刀具车削工件外圆时，工件旋转一周，车刀由位置 I 移动到位置 II，移动一个进给量 f，切下一层金属变为切屑。其中车刀正在切削着的这一层金属就叫切削层。切削层的大小和形状直接决定了车刀切削部分所承受的负荷大小及切下切屑的形状和尺寸。

1. 切削层公称厚度 h_D

在主切削刃选定点的基面内，垂直于过渡表面的切削层尺寸，称为切削层公称厚度。图 2-2 所示为外圆纵车（$\lambda_s=0$）时切削层截面的切削厚度。

$$h_D = f\sin\kappa_r \qquad (2\text{-}4)$$

2. 切削层公称宽度 b_D

在主切削刃选定点的基面内，沿过渡层表面度量的切削层尺寸，称为切削层公称宽度。图 2-2 所示为外圆纵车（$\lambda_s = 0$）时切削层截面的公称切削宽度。

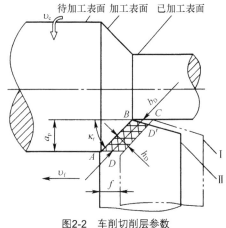

图2-2 车削切削层参数

$$b_D = a_p/\sin\kappa_r \qquad (2\text{-}5)$$

可见，在 f、a_p 一定的条件下，主偏角 κ_r 越大，切削厚度 h_D 也就越大，但切削宽度 b_D 越小；主偏角 κ_r 越小，切削厚度 h_D 也就越小，但切削宽度 b_D 越大；当 $\kappa_r=90°$ 时，$h_D=f$。

3. 切削层公称横截面积 A_D

在主切削刃选定点的基面内，切削层的截面面积，称为切削层公称横截面积。车削切削层公称横截面为：

$$A_D = h_D b_D = fa_p \qquad (2\text{-}6)$$

四、切削方式

1. 正切削与斜切削

$\lambda_s=0$ 的切削称为正切削（或直角切削），此时主切削刃与切削速度方向垂直，切屑沿切削刃法向流出。如图 2-3（a）所示。

$\lambda_s\neq0$ 的切削称为斜切削，此时主切削刃与切削速度方向不垂直，切屑的流向与切削刃法向倾斜了一个角度，如图 2-3（b）所示。

2. 自由切削与非自由切削

只有直线形主切削刃参加切削工作，而副切削刃不参加切削工作，称为自由切削。它的主要特征是刀刃上各点切屑流出方向大致相同，被切金属的变形基本发生在二维平面内。

曲线主切削刃或主、副切削刃都参加的切削过程，称为非

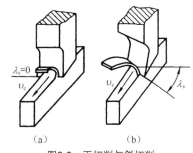

图2-3 正切削与斜切削

自由切削。它的主要特征是各切削刃汇交处下的金属互相影响和干涉，金属变形更为复杂，且发生在三维空间内。

知识拓展

提高切削用量的途径

（1）采用切削性能更好的新型刀具材料。

（2）在保证工件机械性能的前提下，改善工件材料的加工性。

（3）改善冷却润滑条件。

（4）改进刀具结构，提高刀具制造质量。

思考与练习

（1）某内孔镗削工序，镗削前毛坯孔径为 50mm，要求镗削后孔径为 60mm，分两次切除余量，每次余量相等，假定工件转速为 800r/min，刀具进给速度为 60mm/min，试求第二次切除余量时的切削用量三要素（保留小数点后两位）。

（2）切削用量如何选择？

（3）切削层参数与切削用量有什么关系？

金属切削过程的变形

任务 2 的具体内容是，掌握三个变形区的特点，掌握切屑类型，掌握积屑瘤产生的条件。通过这一具体任务的实施，了解金属切削过程中工件和刀具相互作用的过程。

知识点与技能点

（1）三个变形区。

（2）切屑类型。

（3）断屑措施。

（4）积屑瘤。

工作情景分析

观察图 2-4 和图 2-5，想一想，用压块挤压工件与用刀具切削工件有什么区别？

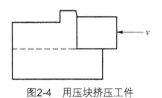

图2-4　用压块挤压工件

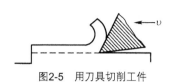

图2-5　用刀具切削工件

相关知识

一、切屑的形成过程

实验研究表明，金属切削与非金属切削不同，金属切削的特点是被切金属层在刀具的挤压、摩擦作用下产生变形以后转变为切屑和形成已加工表面。

图 2-6 所示为根据金属切削实验绘制的金属切削过程中的滑移线和流动轨迹，其中横向线是金属流动轨迹线，纵向线是金属的剪切滑移线。图 2-7 所示为金属的滑移过程。由图可知，金属切削过程的塑性变形通常可以划分三个变形区，各区特点如下。

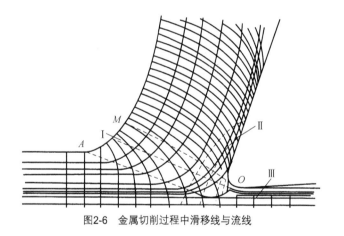

图2-6　金属切削过程中滑移线与流线

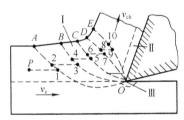

图2-7　第一变形区金属滑移

（1）第一变形区：切削层金属从开始塑性变形到剪切滑移基本完成，这一过程区域称为第一变形区。

切削层金属在刀具的挤压下首先将产生弹性变形，当最大剪切应力超过材料的屈服极限时，发生塑性变形，如图 2-6 所示，金属会沿 OA 线剪切滑移，OA 被称为始滑移线。随着刀具的移动，这种塑性变形将逐步增大，当进入 OM 线时，这种滑移变形停止，OM 被称为终滑移线。现以金属切削层中某一点的变化过程来说明。由图 2-7 所示，在金属切削过程中，切削层中金属一点 P 不断向刀具切削刃移动，当此点进入 OA 线时，发生剪切滑移，滑移方向由点 "1" 移至点 "2"，在点 "2" 继续移动至点 "3" 过程中，同时滑移至点 "4"。随着继续移动，剪切滑移量和切应力逐渐增大。到达 OE 线时，滑移至点 "10"，此时，剪应力最大，剪切滑移结束，切削层被刀具切离，形成了切屑。此区域的变形过程可以通过图 2-7 形象表示，切削层在此区域如同一片片相叠的层片，在切削过程中层片之间发生了相对滑移。OA 与 OE 之间的区域就是第一变形区Ⅰ。

第一变形区是金属切削变形过程中最大的变形区，在这个区域内，金属将产生大量的切削热，并消耗大部分功率。此区域较窄，宽度为 0.02～0.2mm。

（2）第二变形区：产生塑性变形的金属切削层材料经过第一变形区后沿刀具前刀面流出，在靠近前刀面处形成第二变形区，如图 2-6 所示Ⅱ变形区。

在这个变形区域，由于切削层材料受到刀具前刀面的挤压和摩擦，变形进一步加剧，材料在此处纤维化，流动速度减慢，甚至停滞在前刀面上。而且，切屑与前刀面的压力很大，高达 2～3GPa，由此摩擦产生的热量也使切屑与刀具面温度上升到几百摄氏度的高温，切屑底部与刀具前刀面发生粘结现象。发生粘结现象后，切屑与前刀面之间的摩擦就不是一般的外摩擦，而变成粘结层与其上层金属的内摩擦。这种内摩擦与外摩擦不同，它与材料的流动应力特性和粘结面积有关，粘结面积越大，内摩擦力也越大。

（3）第三变形区：金属切削层在已加工表面受刀具刀刃钝圆部分的挤压与摩擦而产生塑性变形部分的区域。如图 2-6 所示Ⅲ部分。

第三变形区的形成与刀刃钝圆有关。因为刀刃不可能绝对锋利，不管采用何种方式刃磨，刀刃总会有一钝圆半径 r_β。一般高速钢刃磨后 r_β 为 3～10μm，硬质合金刀具磨后 18～32μm，如采用细粒金刚石砂轮磨削，r_β 最小可达到 3～6μm。另外，刀刃切削后就会产生磨损，增加刀刃钝圆。

图 2-8 所示为考虑刀刃钝圆情况下已加工表面的形成过程。当切削层以一定的速度接近刀刃时，会出现剪切与滑移，金属切削层绝大部分金属经过第二变形区的变形沿终滑移层 OM 方向流出，由于刀刃钝圆的存在，在钝圆 O 点以下有一少部分厚Δa 的金属切削层不能沿 OM 方向流出，被刀刃钝圆挤压过去，该部分经过刀刃钝圆 B 点后，受到后刀面 BC 段的挤压和摩擦，经过 BC 段后，这部分金属开始弹性恢复，恢复高度为Δh，在恢复过程中又与后刀面 CD 部分产生摩擦，这部分切削层在 OB，BC，CD 段的挤压和摩擦后，形成了已加工表面的加工质量。因此第三变形区对工件加工表面质量产生很大影响。

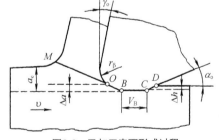

图2-8 已加工表面形成过程

二、切屑类型

由于工件材料不同，工件在加工过程中的切削变形也不同，因此所产生的切屑类型也多种多样。切屑主要有四种类型，如图 2-9 所示。

图 2-9（a）、（b）、（c）、（d）四种切屑中，其中前三种属于加工塑性材料所产生的切屑，第四种为加工脆性材料的切屑。现对这四种类型切屑特点分别介绍。

1. 带状切屑

此类切屑的特点是形状为带状，内表面比较光滑，外表面可以看到剪切面的条纹，呈毛茸状。

它的形成过程如图 2-9（a）所示。这是加工塑性金属时最常见的一种切屑。一般切削厚度较小，切削速度高，刀具前角大时，容易产生这类切屑。此时切削力波动小，已加工表面质量好，但必要时应采取断屑措施，以防对工作环境和操作人员安全造成危害。

2. 挤裂切屑

挤裂切屑又称节状切屑，是在加工塑性材料时较常见的一种切屑。其特征是内表面很光滑，外表面可见明显裂纹的连续带状切屑，如图 2-9（b）所示。其形成的原因是：切削过程中，由于被切材料在局部达到了破裂强度，使切屑在外表面产生了明显可见的裂纹，但在切屑厚度方向上不贯穿整个切屑，使切屑仍然保持了连续带状。此类切屑一般在切削速度较低，切削厚度较大，刀具前角较小时产生。此时通常切削过程不太稳定，切削力波动较大，已加工表面粗糙度值较大。

3. 单元切屑

单元切屑又称粒状切屑。单元切屑是在切削速度很低，切削厚度很大情况下，切削钢以及铅等材料时，剪切变形超过材料的破坏极限，因而切下的切削断裂成均匀的颗粒状，如图 2-9（c）所示。这种切屑类型较少见。此时切削过程不平稳，切削力波动最大，已加工表面粗糙值较大，表面可见明显波纹。其产生条件与前两种情况相比切削速度、刀具前角进一步减小，切削厚度进一步增加。

4. 崩碎切屑

崩碎切屑是加工脆性材料时常见切屑，如图 2-9（d）所示。此类切屑为不连续的碎屑状，形状不规则，而且加工表面也凹凸不平。工件越硬，越容易产生这类切屑。在加工白口铁、高硅铸铁等脆硬材料时主要产生此种切屑。不过对于灰铸铁和脆铜等脆性材料，产生的切屑也不连续，由于灰铸铁硬度不大，通常得到片状和粉状切屑，高速切削甚至为松散带状，这种脆性材料产生切屑可以算中间类型切屑。这时已加工工件表面质量较差，切削过程不平稳。

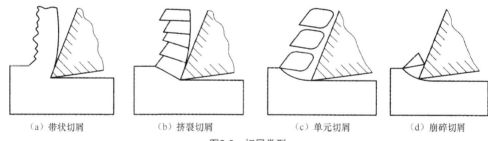

（a）带状切屑　　　　（b）挤裂切屑　　　　（c）单元切屑　　　　（d）崩碎切屑

图2-9　切屑类型

以上切屑虽然与加工不同材料有关，但加工同一种材料采用不同的切削条件也产生不同的切屑。如加工塑性材料时，一般得到带状切屑，但如果前角较小，速度较低，切削厚度较大时将产生挤裂切屑；如前角进一步减小，再降低切削速度，或加大切削厚度，则得到单元切屑。掌握这些规律，可以控制切屑形状和尺寸，达到断屑和卷屑目的。

三、切屑的折断

1. 折断的条件

切屑折断的机理可以以切屑流出后碰到刀具后刀面产生折断为例加以说明。如图 2-10 所示，厚

度为 h_{Bn} 的切屑受到断屑台推力 F 作用而产生弯曲，并产生卷曲应变。在继续切削的过程中，切屑的卷曲半径逐渐增大，当切屑端部碰到后刀面时，切屑又产生反向弯曲应变，相当于切屑反复弯折，最后弯曲应变 ε_{max} 大于材料极限应变 ε_b 时折断。可以知道切屑的折断是正向弯曲应变和反向弯曲应变的综合结果。

由此可知，当切屑越厚（h_{Bn} 大），断屑台高度越高，切屑卷曲半径 ρ 越小，材料硬度越高、脆性越大（极限应变值 ε_b 小）时，切屑越容易折断。

2. 磨制断屑槽

常用的断屑槽形式有直线圆弧形、直线形和全圆弧形。如图 2-11 所示。

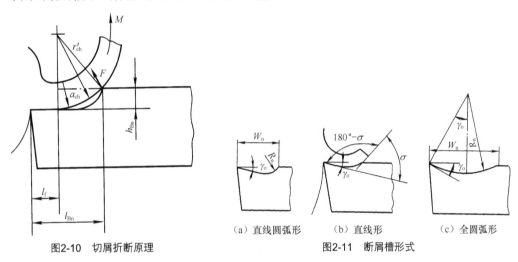

图2-10　切屑折断原理　　　　　　　图2-11　断屑槽形式

（a）直线圆弧形　　　（b）直线形　　　（c）全圆弧形

直线圆弧形和直线形断屑槽适用于切削碳素钢、合金结构钢、工具钢等，一般前角在 $\gamma_o = 5° \sim 15°$。

全圆弧型的前角比较大，$\gamma_o = 25° \sim 35°$。适用于切削紫铜、不锈钢等高塑性材料。

断屑槽槽宽 W_n 越小，切屑越易折断；但太小，切屑变形很大，易产生小块的飞溅切屑，也不好。槽宽 W_n 应保证切屑在流出槽时碰到断屑台，以使切屑卷曲折断。为了保证有效的断屑或折断，一般根据工件材料和切削用量选择 W_n，常取 $W_n = （7 \sim 10）f$。

3. 选择合适切削用量

切削用量的变化对断屑会产生影响，选择合适的切削用量，能增强断屑效果。

在切削用量参数中，进给量 f 对断屑的影响最大。进给量 f 增大，切削厚度也增大，碰撞时容易折断。

切削速度 v_c 和背吃刀量 a_p 对断屑的影响较小，不过，背吃刀量 a_p 增加，切削层宽度增加，断屑困难增大；切削速度提高，断屑效果下降。

4. 选择合适刀具几何参数

在刀具几何参数中，对断屑影响较大的是主偏角 κ_r。在进给量不变的情况下，主偏角 κ_r 增大，切屑厚度相应增大，切屑也容易折断。因此，在生产中希望有较好的断屑效果时，一般选取较大的主偏角，一般 $\kappa_r = 60° \sim 90°$。

刃倾角 λ_s 的变化对切屑流向产生影响，因而也影响断屑效果。刃倾角为 $-\lambda_s$ 时，切屑流向已加工表面折断；刃倾角为 $+\lambda_s$ 时，切屑流向待加工表面折断。

四、积屑瘤

在中等的切削速度下切削塑性材料时，常发现在刀具前刀面上靠近刀刃的部位粘附着一小块很硬的金属，这块金属被称为积屑瘤，如图 2-12 所示，积屑瘤包围着刃口，将前刀面与切屑隔开，它的硬度很高，通常是工件材料的 2～3 倍，在处于比较稳定的状态时，能够代替刀刃进行切削，起到增大刀具前角和保护切削刃的作用。

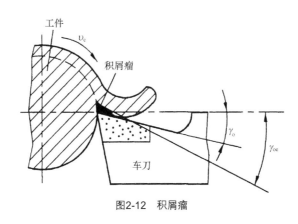

图2-12　积屑瘤

1. 积屑瘤的形成原因

当切屑沿刀具的前刀面流出时，在一定的温度与压力作用下，与前刀面接触的切屑底层受到很大的摩擦阻力，致使这一层金属的流出速度减慢，形成一层很薄的"滞流层"。当前刀面对滞流层的摩擦阻力超过切屑材料的内部结合力时，就会有一部分金属粘结或冷焊在切削刃附近，形成积屑瘤。积屑瘤形成后不断长大，达到一定高度又会破裂，而被切屑带走或嵌附在工件表面上。上述过程是反复进行的。

2. 形成积屑瘤的条件

对某些工件材料进行切削时，切削速度是形成积屑瘤的主要因素。如图 2-13 所示。当切削速度很低（<5m/min）时，切削温度较低，切削内部结合力较大，前刀面与切屑间的摩擦小，积屑瘤不易形成；当切削速度增大（5～20m/min）时，切削温度升高，摩擦加大，则易形成积屑瘤；当切削速度很高（>100m/min）

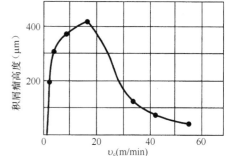

图2-13　积屑瘤与切削速度的关系

时，摩擦很小，则无积屑瘤形成。一般来说，温度与压力太低，不会产生积屑瘤；反之，温度太高，产生弱化作用，也不会产生积屑瘤。

3. 积屑瘤对切削加工的影响

（1）使刀具的实际工作前角增大，减小切削力，对切削过程起积极作用。

（2）影响刀具的耐用度。稳定时代替切削刃进行切削，减少刀具磨损，起到保护切削刃的作用；

但破裂时可能使硬质合金颗粒剥落，反而加剧刀具的磨损。

（3）增大表面粗糙度。积屑瘤的顶部很不稳定，容易破裂，或部分积屑瘤碎片粘附在工件已加工表面上而影响粗糙度。

因此，精加工时应尽量避免积屑瘤产生。

4. 抑制积屑瘤的主要方法

影响积屑瘤形成的主要因素有：工件材料的力学性能、切削速度和冷却润滑条件等。

避免和减小积屑瘤的方法是：①加工时控制切削速度，采用低速或高速切削，由于切削速度是通过切削温度影响积屑瘤的，以切削 45 钢为例，在低速 $v_c < 3\text{m/min}$ 和较高速度 $v_c \geq 60\text{m/min}$ 范围内，摩擦系数都较小，故不易形成积屑瘤；②适当减少进给量、增加刀具前角以减小切削变形，降低切屑接触区压力；③使用润滑性能良好的切削液，减小摩擦；④用适当的热处理方法提高工件材料的硬度，降低塑性，减小加工硬化倾向。

知识拓展

变形程度的表示方法

金属切削过程中的许多物理现象，都与切削过程中的变形程度大小直接有关，衡量切削变形程度大小的方法有多种。

1. 绝对滑移 ΔS

从始滑移面开始到任意特定时刻，金属滑移的总量称为绝的滑移，它不能确切表示变形程度的大小，如图 2-14 所示。

2. 相对滑移系数 ε

$$\varepsilon = \frac{\Delta S}{\Delta y} = \frac{\cos \gamma_o}{\sin \theta \cos(\phi - \gamma_o)} \tag{2-7}$$

3. 变形系数 ξ

如图 2-15 所示，切削层经塑性变形后，厚度增加，长度缩小，宽度基本不变。可用其表示切削层变的变形程度。变形系数 ξ 为切削层加工前的长度与加工后长度的比值。

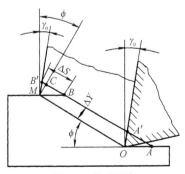

图2-14 绝对滑移

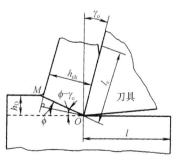

图2-15 变形系数

加工普通塑性金属时，ξ 总是大于 1（加工钛合金除外），例如切削中碳钢时，$\xi = 2\sim3$。一般工件材料相同而切削条件不同时，ξ 值越大说明塑性变形越大；当切削条件相同而工件材料不同时，ξ 值越大说明材料塑性越大。

思考与练习

（1）试述形成积屑瘤后有何利弊？如何消除？

（2）切削变形的表示方法有几种？

切削力

任务 3 的具体内容是，掌握切削力的来源，掌握影响切削力的主要因素。通过这一具体任务的实施，了解切削力的变化规律。

知识点与技能点

（1）切削力的来源及其分解。

（2）影响切削力的主要因素。

工作情景分析

如图 2-16 所示，切削过程中，使工件上的切削层材料发生变形成为切屑所需的力，称为切削力。由工件作用在刀具上的反作用力是切削抗力。

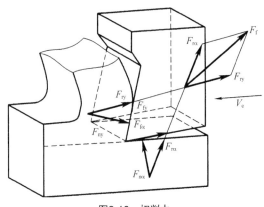

图2-16　切削力

相关知识

一、切削力的来源及其分解

切削过程中，切削力直接影响切削热、刀具磨损与耐用度、加工精度和已加工表面质量。在生产中，切削力又是计算切削功率、设计机床、刀具和夹具时，进行强度和刚度计算的主要依据。因此，研究切削力的变化规律，对于分析切削过程和生产实际都有重要意义。

1. 切削力的来源

金属切削时，工件材料抵抗刀具切削时所产生的阻力称为切削力。它与刀具作用在工件上的力大小相等，方向相反。切削来源于两方面，一是三个变形区内金属产生的弹性变形抗力和塑性变形抗力；二是切屑与前面、工件与后面之间的摩擦力，如图 2-17 所示。

2. 切削合力及其分解

切削时的总切削力一般为空间力，其方向和大小受多种因素影响而不易确定，为了便于分析切削力的作用和测量计算其大小，便于生产实际的应用，一般把总切削力 F 分解为三个互相垂直的切削分力 F_c、F_p 和 F_f，如图 2-18 所示。

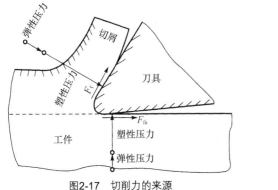

图2-17　切削力的来源

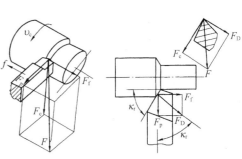

图2-18　切削合力和分力

（1）主切削力 F_c。主切削力是总切削力在主运动方向上的分力。它与主运动方向一致，垂直于基面，是三个切削分力中最大的，占总切削力的 80%～90%，所以称为主切削力。主切削力是作用在工件上，并通过卡盘传递到机床主轴箱，它是设计机床主轴、齿轮和计算机床切削功率，校核刀具、夹具的强度与刚度，选择切削用量等的主要依据。当 F_c 过大时，可能使刀具损坏或使机床发生"闷车"现象。

（2）背向力 F_p。背向力是总切削力在吃刀方向上的切削分力，在内、外圆车削中又称径向力。由于在背向力方向上没有相对运动，所以背向力不消耗切削功率，但它作用在工件和机床刚性最差的方向上，易使工件在水平面内变形，影响工件精度，并易引起振动。背向力是校验机床刚度的主要依据。

（3）进给力 F_f。进给力是总切削力在进给运动方向上的切削分力，在外圆车削中又称轴向力，消耗总切削功率的 1%～5%。进给力作用在机床的进给机构上，是校验机床进给机构强度和刚度的主要依据。

由图 2-15 可以看出进给力 F_f 和背向力 F_p 的合力 F_D 作用在基面上且垂直于主切削刃。F、F_D、F_f、F_p 之间的关系：

$$F = \sqrt{F_D^2 + F_c^2} = \sqrt{F_c^2 + F_p^2 + F_f^2} \qquad (2\text{-}8)$$

$$F_p = F_D \cos \kappa_r, \quad F_f = F_D \sin \kappa_r \qquad (2\text{-}9)$$

从上式可看出，当 $\kappa_r = 0°$ 时，$F_p \approx F_D$，$F_f \approx 0$；当 $\kappa_r = 90°$ 时，$F_p \approx 0$，$F_f \approx F_D$，各分力的大小对切削过程会产生明显不同的作用。

根据实验，当 $\kappa_r = 45°$、$\gamma_o = 15°$、$\lambda_s = 0°$ 时，各分力间近似关系为：

$$F_c : F_p : F_f = 1 : (0.4 \sim 0.5) : (0.3 \sim 0.4)$$

其中，F_c 总是最大。

二、单位切削力和切削功率

单位切削力是指单位切削面积上的主切削力，用 p 表示，单位为 N/mm²。可按下式计算

$$p = \frac{F_c}{A_D} = \frac{F_c}{a_p f} \qquad (2\text{-}10)$$

单位切削力 p 可在《切削用量手册》中查到。

切削功率是在切削过程中消耗的功率，它等于总切削力的三个分力消耗的功率总和。用 P_c 表示，单位为 kW。由于 F_f 所消耗的功率占比例很小，为 1%～1.5%，通常略去不计。方向的运动速度为零，不消耗功率，所以切削功率为

$$P_c = \frac{F_c v_c \times 10^{-3}}{60} \qquad (2\text{-}11)$$

式中，P_c——切削功率，kW；

　　　 F_c——主切削力，N；

　　　 v_c——切削速度，m/min。

根据切削功率选择机床电机功率时，还应考虑到机床的传动效率。机床电机功率为

$$P_E \geqslant \frac{P_c}{\eta} \qquad (2\text{-}12)$$

式中，P_E——机床电机功率，单位为 kW；

　　　 η——机床的传动效率，一般为 0.75～0.85。

三、影响切削力的主要因素

1. 工件材料的影响

工件材料的强度、硬度越高，材料的剪切屈服强度越高，切削力愈大。工件材料的塑性、韧性好，加工硬化的程度高，由于变形严重，故切削力也增大。切削铸铁等脆性材料时的变形小、摩擦小、加工硬化小，切屑为崩碎状，与前刀面接触面积小，故产生的切削力小。

除了工件材料的物理机械性能影响切削力外，工件毛坯的制造方法，由于影响金属表面的组织

状况，因而对切削力也有影响。例如，加工热轧钢时的切削力比加工冷拉钢的切削力大。

2. 切削用量的影响

（1）背吃刀量 a_p 与进给量 f 影响。因为切削面积 $A_D = a_p f$ ，所以背吃刀量 a_p 与进给量 f 的增大都将增大切削面积。切削面积的增大将使变形力和摩擦力增大，切削力也将增大，但两者对切削力影响不同。

虽然背吃刀量与进给量对切削力的影响都成正比关系，但由于进给量的增大会减小切削层的变形，所以背吃刀量 a_p 对切削力的影响比进给量 f 大。在生产中，如机床消耗功率相等，为提高生产效率，一般采用提高进给量而不是背吃刀量的措施。

（2）切削速度。切削速度对切削力的影响有马鞍形变化，如图 2-19 所示。加工塑性金属时，切削速度对切削力的影响主要是由于积屑瘤影响实际工作前角和摩擦系数的变化造成的，积屑瘤产生阶段，由于刀具实际前角增大，切削力减小；在积屑瘤消失阶段，切削力逐渐增大。积屑瘤消失时，切削力 F_c 达到最大，以后又开始减小。

加工脆性金属时变形和摩擦均较小，故切削速度对切削力的影响不大。

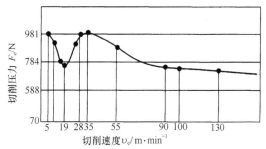

图2-19 切削速度对切削力影响

上述分析表明，如果刀具材料和机床性能允许，采用高速切削，既能提高生产效率，又可使切削力减小。

3. 刀具几何参数

（1）刀具前角 γ_o。在刀具几何参数中，前角 γ_o 对切削力影响最大。切削力随着前角的增大而减小。这是因为前角的增大，切削变形与摩擦力减小，切削力相应减小。

（2）刀具主偏角 κ_r 和刀尖圆弧半径。主偏角对切削力 F_c 的影响不大，$\kappa_r = 60° \sim 75°$ 时，F_c 最小，因此，主偏角 $\kappa_r = 75°$ 的车刀在生产中应用较多。主偏角 κ_r 的变化对背向力 F_p 与进给力 F_f 影响较大。背向力随主偏角的增大而减小，进给力随主偏角的增大而增大。

刀尖圆弧半径增大，切削变形增大，切削力也增大。

（3）刀具刃倾角 λ_s。试验表明，刃倾角 λ_s 的变化对切削力 F_c 影响不大，但对背向力 F_P 影响较大。当刃倾角由正值向负值变化时，背向力 F_P 逐渐增大，因此工件弯曲变形增大，机床振动也增大。

4. 刀具材料与切削液

刀具材料影响到它与被加工材料摩擦力的变化，因此影响切削力的变化。同样的切削条件，陶瓷刀切削力最小，硬质合金次之，高速钢刀具切削力最大。

切削时浇注切削液，由于使刀具、工件与切屑接触面间摩擦减小，因此，能较显著减小切削力。切削液的效果与切削厚度及切削速度有关，一般切削厚度越小，切削速度越低，效果越明显。实践表明，切削液的润滑性能愈高，切削力降低愈明显。因此，切削液的正确应用，可以降低摩擦力，减小切削力。

知识拓展

三向切削力的测量

三向切削力的检测原理,是使用三向车削测力传感器检测三向应变,将三向应变作为模拟信号,输出到切削力实验仪器内进行高倍率放大,再经 A/D 板又一次放大之后,转换为数字量送入计算机。测力系统首先应该通过三向电标定,以确定各通道的增益倍数。然后,再通过机械标定,确定测力传感器某一方向加载力值与三个测力方向响应的线性关系。经过这两次标定,形成一个稳定的检测系统之后,才能进行切削力实验。

测量切削力的主要工具是测力仪,测力仪的种类很多,有机械测力仪、油压测力仪和电测力仪。机械和油压测力仪比较稳定、耐用,而电测力仪的测量精度和灵敏度较高。电测力仪根据其使用的传感器不同,又可分为电容式、电感式、压电式、电阻式和电磁式等。目前电阻式和压电式测力仪用得最多。

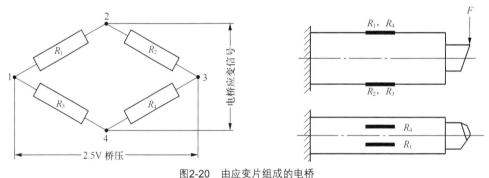

图2-20　由应变片组成的电桥

电阻式测力仪的工作原理:在测力仪的弹性元件上粘贴具有一定电阻值的电阻应变片,然后将电阻应变片联接电桥。设电桥各臂的电阻分别是 R_1、R_2、R_3 和 R_4,如果 $R_1/R_2=R_3/R_4$,则电桥平衡,即 2、4 两点间的电位差为零,即应变电压输出为零。在切削力的作用下,电阻应变片随着弹性元件发生弹性变形,从而改变它们的电阻。如图 2-20 所示。电阻应变片 R_1 和 R_4 在弹性张力作用下,其长度增大,截面积缩小,于是电阻增大。R_2 和 R_3 在弹性压力作用下,其长度缩短,截面积加大,于是电阻减小,电桥的平衡条件受到破坏。2、4 两点间产生电位差,输出应变电压。通过高精度线性放大区将输出电压放大,并显示和记录下来。输出应变电压与切削力的大小成正比,经过标定,可以得到输出应变电压和切削力之间的线性关系曲线(即标定曲线)。测力时,只要知道输出应变电压,便能从标定曲线上查出切削力的数值。

实际使用的测力仪的弹性元件不像图 2-20 所示的那样简单,粘贴的电阻应变片也比较多,由于要同时测量三个方向的分力,因而测力仪的结构也较复杂。

使用符合国家标准的测力环做基准进行测力仪三受力方向的机械标定,可获得较高的精确度。机械标定(下称标定)还确定了三向力之间的相互响应关系,在测力过程中,通过计算,消除了各向之间的相互干扰,因而可获得较高的准确度。

标定切削力实验系统的目的有两个，一是求出某向输出（数字）与该向载荷（测力环所施加的力值）之间的响应系数，二是求出该项载荷对另外两向之间的影响系数，从而通过计算来消除向间影响而获得实际的三向力。

思考与练习

（1）切削分力对切削加工的影响有哪些？

（2）试述吃刀深度、进给量、切削速度对切削力的影响。

切削热与切削温度

任务4的具体内容是，掌握切削热的来源，掌握影响切削温度的主要因素。通过这一具体任务的实施，了解切削热对切削过程的影响。

知识点与技能点

（1）切削热的产生和传出。

（2）切削温度的分布。

（3）影响切削温度的主要因素。

（4）切削温度对工件、刀具和切削过程的影响。

工作情景分析

切削过程中消耗的能量，除了极少部分以形变能存在于工件表面和切屑中，其余都要转变成热能，所以要产生大量的热，这些热称为切削热。切削热和由它产生的切削温度，会使加工工艺系统产生热变形，不但影响刀具的磨损和耐用度，而且影响工件的加工精度和表面质量。因此，研究切削热和切削温度的产生及其变化规律有很重要的意义。

相关知识

切削过程中的切削热和由它引起的切削温度升高，直接影响刀具的磨损和寿命，并影响工件的加工精度和已加工表面质量。

一、切削热的产生和传出

在切削加工中，切削变形与摩擦所消耗的能量几乎全部转换为热能，如图2-21所示。切削热的来源主要包括以下三个方面：

（1）切屑变形所产生的热量，这是切削热的主要来源。

（2）切屑与前刀面之间摩擦所产生的热量。

（3）工件和后刀面之间摩擦所产生的热量。

切削热主要由切屑、刀具、工件和周围介质传导出去。影响热传导的主要因素是工件和刀具材料的热导率、加工方式和周围介质的状况。切削塑性金属时切削热主要由剪切区变形和前刀面摩擦形成；切削脆性金属则后刀面摩擦热占的比例较多。

热量传散的比例与切削速度有关，图 2-22 所示为不同切削速度时的热量分布比例。图中表明，切削速度增加时，由摩擦生成的热量增多，但切屑带走的热量也增加，在工件中热量减少，在刀具中热量更少。所以高速切削时，切屑中温度很高，在工件和刀具中温度较低，这有利于切削加工的顺利进行。

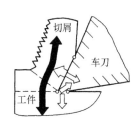

图2-21 切削热的产生和传出

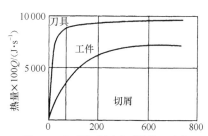

图2-22 不同切削速度时的热量分布

表 2-1 所示为不同加工方法时切削热由各部分传出的比例。

表 2-1   工件、刀具切削加工中切削热的分布

加 工 方 法	切 屑	工 件	刀 具
车削	50%～80%	10%～40%	<5%
铣削	70%	<30%	5%
钻、镗削	30%	>50%	15%
磨削	4%	>80%	12%

二、切削温度的测量

测量切削温度的方法很多，但目前多采用热电偶法，而热电偶法又可分为自然热电偶法和人工热电偶法。

1. 自然热电偶法

如图 2-23 所示，利用工件材料和刀具材料化学成分的不同，组成热电偶的两极。图中的刀具和工件便是热电偶的两个极，切削时刀具与工件（包括切屑）接触处温度升高形成热电偶的热端，而在工件的引出端和刀具的尾端保持室温形成热电偶的冷端。这样在刀具－工件回路中就产生了温差电动势。将其引出接至电位差计或毫伏计测出热电势的大小，然后根据定度曲线确定切削温度。

用这种方法测得的是切削区的平均温度。

2. 人工热电偶法

用不同材料、相互绝缘金属丝作热电偶两极，可测量刀具或工件指定点温度，可采用如图 2-24 所示的人工热电偶法测量。它的热端固定在刀具或工件上预定要测量温度的点上；冷端通过导线串接在电位计、毫伏计或其他记录仪器上。根据输出的电压及标定曲线，可以测定热端的温度。

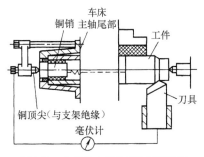

图2-23 自然热电偶法测量切削温度

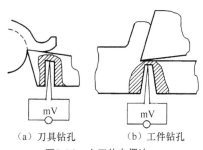

（a）刀具钻孔 （b）工件钻孔

图2-24 人工热电偶法

为了正确反映切削过程真实的温度变化，要求把安放热电偶金属丝的小孔做的越小、越靠近测量点越好。但钻孔破坏了温度场，测量结果是有误差的。

三、切削温度的分布

图 2-25 和图 2-26 所示为切削温度的分布情况，通过两图，可以了解切削温度有以下分布特点。

（1）切削最高温度并不在刀刃，而是离刀刃有一定距离。对于 45 钢，约在离刀刃 1mm 处前刀面的温度最高。

（2）后刀面温度的分布与前刀面类似，最高温度也在切削刃附近，不过比前刀面的温度低。

（3）终剪切面后，沿切屑流出的垂直方向温度变化较大，越靠近刀面，温度越高，这说明切屑在刀面附近被摩擦升温，而且切屑在前刀面的摩擦热集中在切屑底层。

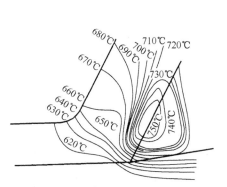

工件材料：低碳易切钢；刀具 $\gamma_o = 30°$ $\alpha_o = 7°$；
切削层厚度 $h_D = 0.6mm$，切削速度 $v_c = 22.86m/min$

图2-25 切削温度的分布

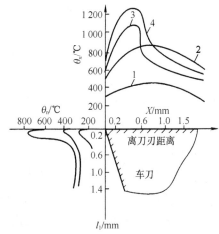

切削速度 $v_c = 30m/min$，$f = 0.2m/r$ 1-45钢-YT15；
2-GCr15-YT14；3-钛合金干切削，BT2-YG8；4-BT2-YT15

图2-26 切削不同材料温度分布

四、影响切削温度的因素

通过自然热电偶法所建立的切削温度的实验公式如下：

$$\theta = C_{\theta} v_{c}^{Z_{\theta}} f^{y_{\theta}} a_{p}^{x_{\theta}} \qquad (2\text{-}13)$$

式中，　θ——用自然热电偶法测出的前刀面接触区的平均温度，℃；

　　　　C_{θ}——与工件、刀具材料和其他切削参数有关的切削温度系数；

Z_{θ}、Y_{θ}、X_{θ}——v_{c}、f、a_{p} 的指数。

实验得出，用高速钢或硬质合金刀具车削中碳钢时 C_{θ}、Z_{θ}、Y_{θ}、X_{θ} 值见表 2-2。

表 2-2　　　　　　　　　　　　切削温度的系数及指数

刀具材料	加工方法	C_{θ}	Z_{θ}		Y_{θ}	X_{θ}
高速钢	车削	140～170	0.35～0.45		0.2～0.3	0.08～0.10
	铣削	80				
	钻削	150				
硬质合金	车削	320	$f/(\mathrm{mm \cdot r^{-1}})$	0.1　0.41	0.15	0.05
				0.2　0.31		
				0.3　0.26		

分析各因素对切削温度的影响，主要应从这些因素对单位时间内产生的热量和传出的热量的影响入手，如果产生的热量大于传出的热量，则这些因素将使切削温度升高，若有些因素使传出的热量增大，则这些因素将使温度降低。

在切削时影响产生热量和传散热量的因素有：切削用量、刀具的几何参数、工件材料、切削液等。

1. 切削用量的影响

根据实验得到车削时切削用量三要素 v_{c}、a_{p}、f 和切削温度 θ 之间关系的经验公式：

高速钢刀具（加工材料 45 钢）：$\theta = (140 \sim 170) a_{p}^{0.08 \sim 0.1} f^{0.2 \sim 0.3} v_{c}^{0.35 \sim 0.45}$

硬质合金刀具（加工材料 45 钢）：$\theta = 320 a_{p}^{0.05} f^{0.15} v_{c}^{0.26 \sim 0.41}$

上式表明，切削用量三要素 v_{c}、a_{p}、f 中，切削速度 v_{c} 对温度的影响最显著，因为指数最大，切削速度增加一倍，温度约增加 32%；其次是进给量 f，进给量增加一倍，温度约升高 18%，背吃刀量 a_{p} 影响最小，约 7%。主要的原因是速度增加，使摩擦热增多；f 增加，切削变数减小，切屑带走的热量也增多，所以热量增加不多；背吃刀量的增加，使切削宽度增加，显著增加热量的散热面积。

v_{c}、a_{p}、f 对切削温度的影响规律在切削加工中具有重要的实际意义，例如，分别增加 v_{c}、a_{p}、f，均能使切削效率按比例提高，但为了减小刀具磨损，减小对工件加工精度的影响，则应尽量先增大背吃刀量 a_{p}；其次增大进给量 f，最后再提高切削速度 v_{c}。

2. 刀具几何参数的影响

（1）前角。前角 γ_{o} 增大，切削变形和摩擦减小，因此产生热量少，切削温度下降；但前角 γ_{o} 继续增至 15° 左右，由于楔角 β_{o} 减小后使刀具散热变差，切削温度略有上升。

（2）主偏角。主偏角 κ_r 减小，切削宽度 a_w 增大、切削厚度 a_c 减小，切削变形和摩擦增大，切削温度升高；但当切削宽度 a_w 增大后，散热条件改善。由于散热起主要作用，故随着主偏角 κ_r 减小切削温度 θ 下降。

前角增大，使切削温度降低，但刀具强度和散热效果差；主偏角 κ_r 减小后，既能使切削温度降低幅度较大，又能提高刀具强度。

3. 工件材料的影响

工件材料的强度、硬度和导热系数对切削温度影响比较大。材料的强度与硬度增大时，单位切削力增大，因此切削热增多，切削温度升高。导热系数影响材料的传热，因此导热系数大，产生的切削温度高。例如，低碳钢强度与硬度较低，导热系数大，产生的切削温度低。不锈钢与 45 钢相比，导热系数小，因此切削温度比 45 钢高。

4. 刀具磨损的影响

刀具磨损后，切削刃变钝，会使工件与刀具间的摩擦加剧，两者均使产生的切削热增多，切削温度上升。

5. 切削液的影响

切削液对切削温度的影响，与切削液的导热性能、比热、流量、浇注方式以及本身的温度都有很大关系。切削液的导热性越好，温度越低，则切削温度也越低。切削液既能传导热量，又能起到减小摩擦的作用。

五、切削温度对工件、刀具和切削过程的影响

1. 切削温度对工件材料机械性能的影响

切削时温度虽然很高，但对工件材料的强度、硬度影响不很大，对剪切区的应力影响也不明显。其原因：切削速度高变形速度快，其对增加材料强度的影响足以抵消切削温度降低强度的影响。另外，切削温度是在切削变形过程中产生的，因此，对剪切面上的应力应变状态来不及产生很大的影响，只对切屑底层的剪切强度产生影响。

2. 切削温度对刀具材料的影响

硬质合金刀具具有红硬性，高温时韧性较好，适当提高切削温度可防崩刃，可提高耐用度。

3. 切削温度对工件尺寸精度的影响

工件受热膨胀，尺寸发生变化，切削后不能达到精度要求。在加工细长轴时，工件因受热而变长，但因夹固在机床上不能自由伸长而发生弯曲，加工后使中部直径变大。另外，刀杆受热膨胀，使实际切削深度增加，改变工件的加工尺寸。

在精加工和超精加工时，切削温度对加工精度的影响十分突出，必须特别注意降低切削温度。

4. 利用切削温度自动控制切削速度、进给量

切削加工时，总有一个最佳的切削温度。在这个温度下，刀具磨损最小，耐用度最高，工件材料的切削加工性最好。如高速钢切削 45 钢的最佳温度为 300℃～350℃，硬质合金切削碳素钢、合金钢、不锈钢的最佳温度为 800℃。

知识拓展

切削温度的测定

在生产实践中，除了用仪器进行测定外，还可以通过观察切屑的颜色大致估计切削温度。例如切削碳钢时，随着切削温度的升高，切屑的颜色也发生相应的变化，切屑为淡黄色时切削温度约为200℃，为蓝色时约为320℃。

切削温度具有以下规律。

（1）最高温度的部位并不在主切削刃上，而是在离它一定距离的地方，该处称为温度中心。

（2）温度分布不均匀，温度梯度大。当工件材料塑性较大时，温度分布较均匀；当工件材料脆性较大时，温度分布不均匀。

思考与练习

（1）切削温度对切削加工的影响有哪些？

（2）试述吃刀深度、进给量、切削速度对切削温度的影响。

刀具磨损与刀具寿命

任务5的具体内容是，掌握刀具磨损的原因，掌握刀具磨钝的标准，掌握刀具耐用度，掌握影响刀具磨损的主要因素。通过这一具体任务的实施，了解刀具磨损对切削过程的影响。

知识点与技能点

（1）刀具磨损的形式。

（2）刀具磨损的原因。

（3）刀具磨钝的标准。

（4）影响刀具寿命的因素。

工作情景分析

刀具在使用过程中丧失切削能力的现象称为刀具失效。刀具的失效直接影响加工精度、表面质量和加工成本。在加工过程中，刀具的失效是经常发生的，主要的失效形式包括刀具的破损和磨损两种。

刀具的破损是由于刀具选择、使用不当及操作失误造成的，俗称打刀。一旦发生很难修复，属于非正常失效，应尽量避免。刀具的磨损属于正常失效形式，可以通过重磨修复。

相关知识

一、刀具磨损的形式

在金属切削过程中，刀具总会发生磨损，刀具的磨损与刀具材料、工件材料性质以及切削条件都有关系，通过掌握刀具磨损的原因及发展规律，能懂得如何选择刀具材料和切削条件，保证加工质量。

1. 前刀面磨损

在切削速度较高、背吃刀量较大且不用切削液的情况下加工塑性材料时，切屑将在前刀面磨出月牙洼。前刀面的磨损量以月牙洼的最大深度 KT 表示，如图 2-27 所示。随着磨损的加剧，月牙洼逐渐加深，洼宽 KB 变化并不是很大。但当洼宽发展到棱边较窄时，会发生崩刃。

2. 后刀面磨损

当切削脆性材料或以较小的背吃刀量切削塑性材料时，由于刀具主后刀面与工件过渡表面间存在着强烈的摩擦，在后刀面毗邻切削刃的部位磨损成小棱面。如图 2-27 所示，它分为 C、B、N 三个区：C 区是刀尖区，由于散热差，强度低，磨损严重，最大值 VC；B 区处于磨损带中间，磨损均匀，最大磨损量 VB_{max}；N 区处于切削刃与待加工表面的相交处，磨损严重，磨损量以 VN 表示，此区域的磨损也叫边界磨损，加工铸件、锻件等外皮粗糙的工件时，这个区域容易磨损。

3. 边界磨损（前、后刀面同时磨损）

经切削后刀具上同时出现前刀面和后刀面磨损。这是在切削塑性金属时，采用大于中等切削速度和中等进给量时较常出现的磨损形式，如图 2-27 所示。

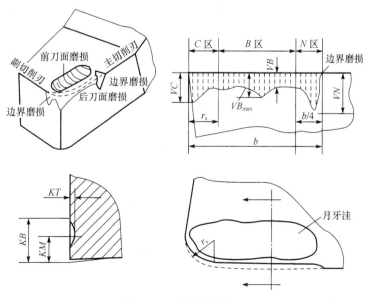

图2-27　刀具磨损的形态

以上磨损形式称为刀具的正常磨损。此外，刀具使用中还存在着非正常磨损形式，如切削刃崩刃、剥落、热裂以及因严重塑性变形引起的切削刃和倒角刀尖区的塌陷等。

二、刀具磨损的原因及改善途径

1. 刀具磨损的原因

（1）硬质点磨损（也称磨料磨损、机械磨损）。工件材料中含有一些碳化物、氮化物、积屑瘤残留物等硬质点杂质，在金属加工过程中，会将刀具表面划伤，而导致刀具磨损。刀具的这种磨损称为硬质点磨损。低速刀具磨损的主要原因是硬质点磨损。

（2）粘结磨损。加工过程中，切屑与刀具接触面在一定的温度与压力下，产生塑性变形而发生冷焊现象后，刀具表面粘结点被切屑带走而发生磨损，称为粘结磨损。一般，具有较大的抗剪和抗拉强度的刀具抗粘结磨损能力强，如高速钢刀具具有较强的抗粘结磨损能力。

（3）扩散磨损。扩散磨损是在高温作用下，刀具与工件材料中的合金元素相互扩散置换造成的刀具磨损，它是一种化学磨损。硬质合金刀具和金刚石刀具切削钢件温度较高时，常发生扩散磨损。金刚石刀具不宜加工钢铁材料。一般在刀具表层涂覆 TiC、TiN、Al_2O_3 等，能有效提高抗扩散磨损能力。

（4）氧化磨损。硬质合金刀具切削温度达到 700℃～800℃时，刀具中一些 C、Co、TiC 等被空气氧化，在刀具表层形成一层硬度较低的氧化膜，当氧化膜磨损掉后会在刀具表面形成氧化磨损。

（5）相变磨损。相变磨损是工具钢刀具在较高切削速度切削时产生塑性变形的主要原因。由于切削温度升高，引起刀具材料金相组织转变，使刀具硬度降低。在切削力作用下，会造成前刀面塌陷，刀刃卷曲产生塑性破坏。硬质合金刀具在高温高压状态下切削，也会发生塑性破坏而失去切削能力。

总的来说，刀具磨损可能是其中的一种或几种。对一定的刀具和工件材料，起主导因素的是切削温度。在低温区，一般以硬质点磨损为主；在高温区以粘结磨损、扩散磨损、氧化磨损等为主。

2. 改善刀具磨损的途径

（1）控制切削速度对磨损的影响，选定合适的切削速度区域。高速钢刀具在低速和中速区域产生的磨粒磨损、积屑瘤是引起刀具磨损的主要原因；超过中速切削时产生相变磨损。硬质合金刀具在中速切削时主要为粘结磨损，超过中速产生扩散磨损、氧化磨损等。

（2）合理选择刀具材料，充分发挥不同刀具材料的性能特点。涂层刀具材料具有高硬度、高化学稳定性，切削时对防止氧化磨损、月牙洼磨损、粘结磨损有较好效果。切削冷硬铸铁选用 Al_2O_3 基体陶瓷不易产生机械磨损。高速间断切削铸铁选用高温韧性好、强度高的 Si_3N_4 基体陶瓷不易出现破坏。

（3）提高刀具的刃磨质量，充分浇注切削液，使切削温度大幅度下降，对防止积屑瘤产生、粘结磨损、热裂破坏和磨粒磨损均有明显效果。

（4）提高刀具强度。选用较小的前角，适当选取负刃倾角，磨出倒棱，减小进给量，增加刀片

和刀具刚度，提高加工系统刚性，均能防止刀具产生疲劳裂纹、崩碎、剥落、热裂等。

三、刀具磨损过程和磨钝标准

1. 刀具的磨损过程

随着切削时间的延长，刀具磨损增加。图 2-28 所示为刀具正常磨损过程的典型磨损曲线，该图清楚地表达了正常磨损过程的三个阶段。

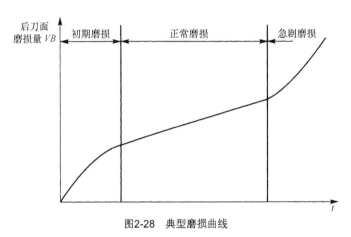

图2-28　典型磨损曲线

（1）初期磨损阶段。在开始切削的短时间内，磨损较快。这是由于刀具表面粗糙不平或表层组织不耐磨引起的。

（2）正常磨损阶段。随着切削时间增长，磨损量以较均匀的速度加大。这是由于刀具表面磨平后，接触面增大，压强减小所致。

（3）急剧磨损阶段。磨损量达到一定数值后，磨损急损加速，继而刀具损坏。这是由于切削时间过长，磨损严重，切削温度剧增，刀具强度、硬度降低所致。

经验表明，在刀具正常磨损阶段的后期、急剧磨损阶段之前，换刀重磨为最好。这样既可保证加工质量又能充分利用刀具材料。

2. 刀具磨钝标准

刀具磨损到一定程度，将不能使用，这个限度称为磨钝标准。

一般以刀具表面的磨损量作为衡量刀具磨钝标准。因为刀具后刀面的磨损容易测量，所以以国际标准中规定以 1/2 背吃刀量处后刀面上测量的磨损带宽 VB 作为刀具磨钝标准。在 ISO 标准中，供作研究用推荐的高速钢和硬质合金刀具磨钝标准为：

（1）在后刀面 B 区内均匀磨损 $VB = 0.3$mm。

（2）在后刀面 B 区内非均匀磨损 $VB_{max} = 0.6$mm。

（3）月牙洼深度标准：$KT = 0.06+0.3f$，$[f]$ 为 mm/r。

（4）精加工时根据需达到的表面粗糙度等级确定。

粗加工磨钝标准是根据能使刀具切削时间与可磨或可用次数的乘积长为原则定的，从而能充分发挥刀具的切削性能，该标准亦称为经济磨损限度。

精加工磨钝标准是在保证零件加工精度和表面粗糙度条件下制订的，因此 VB 值较小。该标准亦称为经济磨损限度。

生产中，常以加工面亮度，切屑颜色形状、声音、振动等为根据，判断是否重磨。

四、刀具寿命（刀具耐用度）

1. 刀具寿命（刀具耐用度）的定义

刀具的寿命是指刀具从开始切削一直到磨钝标准为止的总切削时间，也就是刀具两次刃磨之间的纯切削时间，用 T 表示，单位为 min。例如，硬质合金车刀寿命为 60～90min；钻头的寿命为 80～120min；硬质合金端铣刀的寿命为 90～180min。

刀具的总寿命是指一把新的刀具可经过无数次刃磨，直到完全失去切削能力而报废的总切削时间。

2. 刀具寿命

刀具寿命也叫刀具耐用度，其计算公式为

$$T = \frac{C_T}{\upsilon^{\frac{1}{m}} f^{\frac{1}{m_1}} a_p^{\frac{1}{m_2}}} \tag{2-14}$$

式中，C_T、m、m_1、m_2——与工件、刀具材料等有关的常数，具体数值见有关手册。

制订刀具寿命时，还应具体考虑以下几点。

（1）刀具构造复杂、制造和磨刃费用高时，刀具寿命应规定得高些。

（2）多刀车床上的车刀，组合机床上的钻头、丝锥和铣刀，自动机及自动线上的刀具，因为调整复杂，刀具寿命应规定得高些。

（3）某工序的生产成为生产线上的瓶颈时，刀具寿命应定得低些，这样可以选用较大的切削用量，以加快该工序生产节拍；某工序单位时间的生产成本较高时刀具寿命应规定得低些，这样可以选用较大的切削用量，缩短加工时间。

（4）精加工大型工件时，刀具寿命应规定得高些，至少保证在一次走刀中不换刀。

五、影响刀具寿命的因素

刀具寿命反映了刀具磨损的快慢程度。刀具寿命长表明刀具磨损速度慢，反之表明刀具磨损速度快。影响切削温度和刀具磨损的因素都同样影响刀具寿命。

1. 切削用量的影响

切削用量对刀具寿命的影响较为明显，通过用 YT5 硬质合金车刀切削 σ_b =0.637GPa（f >0.7mm/r）的碳钢切削实验，我们可以得出切削用量与刀具寿命的关系为

$$T = \frac{C_T}{\upsilon_c^5 f^{2.25} a_p^{0.75}}$$

由上式可以看出，υ_c 的影响最显著；f 次之；a_p 影响最小。这与三者对切削温度的影响顺序完全一致。反映出切削温度对刀具寿命有重要的影响。

当确定刀具寿命合理数值后，应首先考虑增大 a_p、然后根据加工条件和要求选允许最大的 f，最后根据 T 选取合理的 v_c。

2. 刀具几何参数的影响

前角 γ_o 增大，切削温度降低，刀具寿命提高；如果前角 γ_o 太大，刀刃强度低、散热差、且易于破损；如太小又使切削力和切削温度增加过多，在这两种情况下刀具寿命都会下降。前角 γ_o 对刀具寿命 T 影响呈"驼峰形"，它的峰顶前角 γ_o 值能使刀具寿命 T 最高。

主偏角 κ_r 减小，可增加刀具强度，改善散热条件，提高刀具寿命。

适当减小副偏角和增大刀尖圆弧半径都能提高刀具强度，改善散热条件，使刀具寿命提高。

3. 加工材料的影响

加工材料的强度、硬度越高，产生的切削温度越高，故刀具磨损越快，刀具寿命越低。加工材料的延伸越大或导热系数越小，均能使切削温度升高、刀具寿命 T 降低。

4. 刀具材料的影响

刀具材料耐磨性越好，高温硬度高，其寿命就越长。在难加工材料、重型切削、大冲击等情况下，刀具磨损以破损为主，刀具材料韧性越高、抗弯强度越高，刀具寿命越高。

六、刀具寿命的确定原则

在生产中使用刀具时，首先应确定一个合理的刀具寿命 T 值，然后以此为依据确定切削速度，并计算切削效率和核算生产成本。通常，确定刀具合理寿命有最高生产率寿命和最低生产成本寿命两种方法。

1. 最高生产率寿命 T_P

它是根据切削一个零件所花时间最少或在单位时间内加工出的零件数最多来确定的。

$$T = \left(\frac{1-m}{m}\right)t_{ct} = T_p \tag{2-15}$$

2. 最低生产成本寿命 T_C

它是根据加工零件的一道工序成本最低来确定的。

$$T = \frac{1-m}{m}\left(t_{ct} + \frac{C_T}{M}\right) = T_C \tag{2-16}$$

式中，m——指数。对于高速钢：$m=0.1\sim0.125$，硬质合金：$m=0.1\sim0.4$，陶瓷刀具：$m=0.2\sim0.4$；

　　　　t_{ct}——换刀一次所需时间；

　　　　C_T——刀具成本；

　　　　M——该工序单位时间内机床折旧费及所分担的全厂开支。

知识拓展

刀具破损的主要形式如表 2-3 所示。

表 2-3　　　　　　　　　　　刀具破损的主要形式

破损形式	说　　　明	图　　例
烧刃	切削速度过高, 而切削温度超过一定限度（碳素工具钢超过 250℃, 合金工具钢超过 350℃, 高速钢超过 600℃）, 刀具材料的金相组织将由马氏体转变为硬速度低的托氏体、素氏体或硬度更低的奥氏体, 面丧失切削能力	
卷刃	工具钢和高速钢刀具若热处理不当, 没有达到应有的硬度, 或虽然达到了规定的硬度, 但用来节切削高硬材料或刀削过程中遇到了硬皮或硬质点, 则刀刃处可能发生塑性变形, 不能再继续工作	
折断	对于钻头、丝锥、拉刀、立铣刀等刀具, 若切削负荷过重或使用不当, 则可能折断	
	当切削用量过大, 有严重冲击载荷, 操作不当或刀片、刀体材料有严重缺陷（如有裂纹、残余应力等）, 都可能使刀具产生折断	
崩刃	刀具前角偏大, 刃磨质量欠佳, 工件材料组织、硬度、余量不均, 进行断续切削时, 工艺系统刚度不足产生振动等原因, 都可能引起崩刃, 使刀具丧失一部分切削能力。继续切削时, 会导致更大的破损	

思考与练习

　（1）什么是刀具磨钝标准？规定的刀具磨钝标准是什么？

　（2）什么是刀具寿命？确定合理刀具寿命有哪两种方法？

　（3）切削速度对切削温度有何影响？为什么？

　（4）刀具有哪几种磨损形态？各有什么特征？

切削液

任务6的具体内容是，掌握切削液的作用，掌握切削液的合理选用。通过这一具体任务的实施，对切削液的基本知识有足够的了解。

知识点与技能点

（1）切削液的作用。

（2）切削液的分类及其选用。

（3）切削液的合理选用。

工作情景分析

在切削过程中，合理地使用切削液，可以减小刀具与切屑、刀具与加工表面的摩擦，降低切削力和切削温度、减小刀具磨损、提高加工表面质量。合理使用切削液是提高金属切削效益的有效途径之一。

相关知识

一、切削液的作用

1. 润滑作用

切削液能在刀具的前、后刀面与工件之间形成一层润滑薄膜，可减少或避免刀具与工件或切屑间的直接接触，减轻摩擦和粘结程度，因而可以减轻刀具的磨损，提高工件表面的加工质量。

切削速度对切削液的润滑效果影响最大，一般速度越高，切削液的润滑效果越低。切削厚度越大，材料强度越高，润滑效果越差。

切削液的润滑功能，对抑制积屑瘤的产生，减小加工表面粗糙度值，以及减少刀具磨损，提高刀具使用寿命等方面的作用是十分显著的。

2. 冷却作用

切削液通过液体的热传导作用，把切削区内刀具、工件和切屑上大量的切削热带走，从而降低工件与刀具的温度，提高刀具使用寿命，减少热变形，提高加工精度。切削液应有较高的热导率；使用时要有足够的流量和流速；要有较高的汽化热，以便在切削温度较高时，切削液迅速汽化而大量吸热。

　　与油相比，水的热导率大 3～5 倍；汽化热大 6～12 倍。所以水溶液的冷却性能远远高于油类，乳化液介于二者之间而接近于水。

3. 清洗作用

　　切削液在发挥其冷却作用和润滑作用的同时，还对粘附在工件、刀具和机床表面的碎屑和粉末起清洗作用。清洗质量的高低取决于切削液的渗透性、流动性和使用压力。一般可加入剂量较大的表面活性剂和少量的矿物油，用大的稀释比（水占 95%～98%）制成乳化液或水溶液，提高切削液的清洗能力。

　　切削液的清洗作用对于精密加工、磨削加工和自动线加工尤为重要；在深孔加工中，切屑完全是利用高压切削液排出的。

4. 防锈作用

　　为了防止工件、机床和刀具受到周围介质（如空气、手汗等）及切削液本身的腐蚀，常在切削液中加入防锈添加剂。它能与金属表面起化学反应生成一层保护膜，从而起到防锈的作用。

二、切削液的分类及其选用

　　切削液可分为水溶性和非水溶性两大类，其中水溶性切削液有水溶液、乳化液、合成切削液；非水溶性切削液有切削油、极压切削液和固体润滑剂。

1. 水溶性切削液

　　（1）水溶液。水溶液的主要成分是软水，常加入防锈剂、防霉剂，有的水溶液还加入一定的添加剂（如亚硝酸钠、硅酸钠等）、表面活性剂以增加润滑性能，水溶液具有良好的冷却性，但润滑性能较差，常用在粗加工和普通磨削加工中。

　　（2）乳化液。乳化液是用 95%～98%的水将由矿物油、乳化剂和添加剂配制成的乳化油膏稀释而成，外观呈乳白色或半透明，具有良好的冷却性能。因其含水量大，润滑、防锈性能较差，故常加入一定量的油性、极压添加剂和防锈添加剂，配制成极压乳化液或防锈乳化液。

　　（3）合成切削液。合成切削液是国内外推广的高性能切削液，由水、各种表面活性剂、化学添加剂组成。它具有良好的冷却、润滑、清洗、防锈性能，热稳定性好，使用周期长。合成切削液中不含油，可节省能源，有利于环保。它常用于难加工材料的钻孔、铣削、攻螺纹，高速磨削（速度为 80m/s）。

2. 非水溶性切削液

　　（1）切削油。切削油的主要成分是矿物油（如机油、轻柴油、煤油）、动植物油（猪油、豆油等）和混合油，这类切削液的润滑性能较好，但冷却性能比较低。机油的润滑性能较好，故在普通精车、螺纹精加工中广泛使用。煤油的渗透性和清洗功能较好，故在精加工铝合金、精刨铸铁和用高速铰刀铰孔中，能减小加工表面粗糙度，提高刀具寿命。轻柴油兼具冷却和润滑的作用。有时，为使切削液取得较好的综合效果，常将两种油料混合使用。

　　植物油虽然有良好的润滑性能，但容易变质，价格也高，故一般很少采用。

　　（2）极压切削油。极压切削油是在矿物油中添加氯、硫、磷等极压添加剂配制而成的。它在高

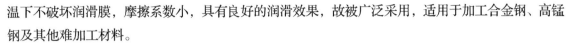

温下不破坏润滑膜，摩擦系数小，具有良好的润滑效果，故被广泛采用，适用于加工合金钢、高锰钢及其他难加工材料。

（3）固体润滑剂。使用最多的固体润滑剂是二硫化钼，由它形成的润滑膜摩擦系数小，耐高温、高压。切削时可将它涂在刀面上，也可添加在切削液中。采用二硫化钼能防止粘结并抑制积屑瘤形成，减小切削力和加工表面粗糙度值，显著延长刀具寿命，在车、钻、铰孔、深孔加工、攻螺纹、拉、铣等加工中均能获得良好的效果。

三、切削液的合理选用

切削液的使用效果除取决于切削液的性能外，还与刀具材料、加工要求、工件材料、加工方法等因素有关，应综合考虑，合理选用。

1. 根据刀具材料、加工要求选用切削液

高速钢刀具耐热性差，粗加工时，切削用量大，切削热多，容易导致刀具磨损，应选用以冷却为主的切削液；精加工时，为获得较好的表面质量，可选用润滑性好的极压切削油或高浓度极压乳化液。硬质合金刀具耐热性好，一般不用切削液，如必要，也可选用低浓度乳化液或水溶液，但应连续地、充分地浇注，不宜断续浇注，以免处于高温状态的硬质合金刀片在突然遇到切削液时，产生巨大的内应力而出现裂纹。

2. 根据工件材料选用切削液

加工钢等塑性材料时需用切削液，而加工铸铁等脆性材料时，则一般不用。原因是此时加切削液的作用不明显，还易弄脏机床、工作地；对于高强度钢、高温合金等，加工时均处于极压润滑摩擦状态，应选用极压切削油或极压乳化液；对于铜、铝及铝合金，为了得到较好的表面质量和精度，可采用 10%~20%乳化液、煤油或煤油和矿物油的混合液，切削铜时不宜用含硫的切削液，因硫会腐蚀铜。

3. 根据加工性质选用切削液

钻孔、攻丝、铰孔、拉削等加工时，排屑方式为半封闭、封闭状态，导向部、校正部与已加工表面的摩擦严重，对硬度高、强度大、韧性大、冷硬严重的难切削材料尤为突出，此时宜用乳化液、极压乳化液和极压切削油。成形刀具、齿轮刀具等加工时，要求保持形状、尺寸精度等，应采用润滑性好的极压切削油或高浓度极压切削液。磨削加工温度很高，且细小的磨屑会破坏工件表面质量，要求切削液具有较好冷却性能和清洗性能，常用半透明的水溶液和普通乳化液。磨削不锈钢、高温合金宜用润滑性能较好的水溶液和极压乳化液。

四、切削液添加剂

切削液中加入各种化学物质，对于改善它的作用和性能影响极大，所加的化学物质统称为添加剂。添加剂主要有油性添加剂、极压添加剂、表面活性剂和其他添加剂，添加剂对切削液的分类和选用也有影响。

1. 油性添加剂

单纯矿物油与金属的吸附力差，润滑效果不好，如在矿物油中添加油性添加剂，将改善润滑作用。动植物油、皂类、胺类等与金属吸附力强，形成的物理吸附油膜较牢固，是理想的油性添加剂。

不过物理吸附油膜在温度较高时将失去吸附能力。这种添加剂主要用于低速精加工。一般油性添加剂切削液在200℃以下使用。

2. 极压添加剂

在高温、高压下的边界润滑，称为极压润滑状态。极压润滑主要利用添加剂中的化合物，在高温下与加工金属快速反应形成化学吸附膜，从而起固体润滑剂作用。

目前常用的添加剂中一般含氯、硫和磷等化合物。由于化学吸附膜与金属结合牢固，一般在400℃～800℃高温时仍起作用，故常在难加工材料的金属切削液中添加这种添加剂。硫与氯的极压切削油分别对有色金属和钢铁有腐蚀作用，应注意合理使用。

3. 表面活性剂

表面活性剂是一种有机化合物，它使矿物油微小颗粒稳定分散在水中，形成稳定的水包油乳化液。表面活性剂除起乳化作用外，还能吸附在金属表面，形成润滑膜，起润滑作用。

表面活性剂的种类很多，配制乳化液时，应用最广泛的是阴离子型和非离子型。前者如石油磺酸钠、油酸钠皂等。其乳化性能好，并有一定的润滑和清洗性能，有的还有一定的防锈性能。后者如聚氯乙烯、脂肪、醇等，它不怕硬水，也不受pH值限制，而且分子中亲水、亲油基可根据需要加以调节。

五、切削液的供给方法

切削液供给方法选择的是否恰当直接关系到切削液功能的发挥。如果选择不当，会造成切削液难以输送至切削区的现象，从而影响工件的加工质量。常见的供给方法有浇注法、高压冷却法和喷雾冷却法等。

1. 浇注法

浇注法是最常用的切削液供给方法。使用时，通过喷嘴将切削液自上而下浇注在切削区。该法虽使用方便，但流量慢、压力低，切削液难以直接渗透入刀具最高温度处，效果较差。因此，仅用于普通金属切削机床的切削加工，如车床、铣床、齿轮加工机床等。

2. 高压冷却法

高压冷却法利用高的工作压力（为1～10MPa）和较大的流量（为50～150L/min）把具有良好冷却、清洗性能和一定润滑、防锈性能的高压切削液迅速喷至切削区，并将碎断的切屑冲离切削区。这种方法常用于深孔加工和强力磨削等场合。

3. 喷雾冷却法

喷雾冷却法是以压力为0.3～0.6MPa的压缩空气，通过喷雾装置使切削液雾化，并以很高的速度喷向高温的切削区的冷却方法。切削液经雾化后，其微小的液滴，能散落到切屑、工件与刀具之间，在遇到灼热的表面时，液滴很快汽化，能带走大量的热量，有效地降低切削温度。喷雾冷却的优点是能降低整个切削区域的温度，刀具的寿命可提高数倍。这种方法适用于难加工材料的车削、铣削、攻螺纹、孔加工等以及刀具的刃磨。

知识拓展

切削难加工材料时切削液的选用

所谓难加工材料是相对易于加工材料而言的，它与材料的成分、热处理工艺等有关。一般来说，材料中含有铬、镍、钼、锰、钒、铝、铌、钨等元素，均称为难加工材料。这些材料具有硬质点多、机械擦伤作用大，热导率低，切屑易散出等特点，在切削过程中处于极压润滑状态。切削难加工材料的切削液要求较高，必须具有较好的润滑性和冷却性。

（1）用超硬高速工具钢刀具切削难加工材料时，应选用质量分数为 10%～15%的极压乳化液或极压切削油。

（2）用硬质合金刀具切削难加工材料时，应选用质量分数为 10%～20%的极压乳化液或硫化切削油。

应该指出有些工矿企业用动、植物油作为切削难加工材料的切削液，这就太浪费了。虽然动、植物油能作为切削难加工材料的切削液，并能达到切削效果，但是动、植物油的价格较高，许多又是食用油，且极易氧化变质，这样会增加生产成本。用极压切削油完全可以代替动、植物油，作为切削难加工材料的切削液，因此应该尽量少用或不用动、植物油作为切削液。

思考与练习

（1）常用切削液有哪些类型？

（2）切削液有何作用？常用切削液的添加剂有哪些？

（3）怎样选用切削液？

（4）切削液的供给方法有哪些？

任务7 机械加工表面质量

任务7的具体内容是，了解影响表面质量的工艺因素，掌握控制表面质量的工艺途径。通过这一具体任务的实施，掌握机械加工过程中各种工艺因素对表面质量影响的规律。

知识点与技能点

（1）表面质量对零件使用性能的影响。

（2）影响表面质量的工艺因素。

（3）控制表面质量的工艺途径。

工作情景分析

　　机器零件的破坏，在多数情况下都是从表面开始的。这是由于表面是零件材料的边界，常常承受工作负荷所引起的最大应力和外界介质的侵蚀。表面上有着引起应力集中而导致破坏的根源，所以这些表面直接与机器零件的使用性能有关。在现代机器中，许多零件是在高速、高压、高温、高负荷下工作的，这对零件的表面质量，提出了更高的要求。

相关知识

　　评价零件是否合格的质量指标除了机械加工精度外，还有机械加工表面质量。机械加工表面质量是指零件经过机械加工后的表面层状态。探讨和研究机械加工表面，掌握机械加工过程中各种工艺因素对表面质量的影响规律，对于保证和提高产品的质量具有十分重要的意义。

一、概述

（一）机械加工表面质量的含义

机械加工表面质量又称为表面完整性，其含义包括两个方面的内容。

1. 表面层的几何形状特征

表面层的几何形状特征主要由以下几部分组成。

（1）表面粗糙度。它是指加工表面上较小间距和峰谷所组成的微观几何形状特征，即加工表面的微观几何形状误差。其评定参数主要有轮廓算术平均偏差 Ra 或轮廓微观不平度十点平均高度 Rz。

（2）表面波度。它是介于宏观形状误差与微观表面粗糙度之间的周期性形状误差。它主要是由机械加工过程中低频振动引起的，应作为工艺缺陷设法消除。

（3）表面加工纹理。它是指表面切削加工刀纹的形状和方向，取决于表面形成过程中所采用的机加工方法及其切削运动的规律。

（4）伤痕。它是指在加工表面个别位置上出现的缺陷，如砂眼、气孔、裂痕、划痕等，它们大多随机分布。

2. 表面层的物理力学性能

表面层的物理力学性能主要指以下三个方面的内容。

（1）表面层的加工冷作硬化。

（2）表面层金相组织的变化。

（3）表面层的残余应力。

（二）表面质量对零件使用性能的影响

1. 表面质量对零件耐磨性的影响

零件的耐磨性是零件的一项重要性能指标，当摩擦副的材料、润滑条件和加工精度确定之后，零件的表面质量对耐磨性将起着关键性的作用。由于零件表面存在着表面粗糙度，当两个零件的表面开始接触时，接触部分集中在其波峰的顶部，因此实际接触面积远远小于名义接触面积，并且表面粗糙度越大，实际接触面积越小。在外力作用下，波峰接触部分将产生很大的压应力。当两个零件作相对运动时，开始阶段由于接触面积小、压应力大，在接触处的波峰会产生较大的弹性变形、塑性变形及剪切变形，波峰很快被磨平，即使有润滑油存在，也会因为接触点处压应力过大，油膜被破坏而形成干摩擦，导致零件接触表面的磨损加剧。当然，并非表面粗糙度越小越好，如果表面粗糙度过小，接触表面间储存润滑油的能力变差，接触表面容易发生分子胶合、咬焊，同样也会造成磨损加剧。

表面层的冷作硬化可使表面层的硬度提高，增强表面层的接触刚度，从而降低接触处的弹性、塑性变形，使耐磨性有所提高。但如果硬化程度过大，表面层金属组织会变脆，出现微观裂纹，甚至会使金属表面组织剥落而加剧零件的磨损。

2. 表面质量对零件疲劳强度的影响

表面粗糙度对承受交变载荷的零件的疲劳强度影响很大。在交变载荷作用下，表面粗糙度波谷处容易引起应力集中，产生疲劳裂纹。并且表面粗糙度越大，表面划痕越深，其抗疲劳破坏能力越差。

表面层残余压应力对零件的疲劳强度影响也很大。当表面层存在残余压应力时，能延缓疲劳裂纹的产生、扩展，提高零件的疲劳强度；当表面层存在残余拉应力时，零件则容易引起晶间破坏，产生表面裂纹而降低其疲劳强度。

表面层的加工硬化对零件的疲劳强度也有影响。适度的加工硬化能阻止已有裂纹的扩展和新裂纹的产生，提高零件的疲劳强度。但加工硬化过于严重会使零件表面组织变脆，容易出现裂纹，从而使疲劳强度降低。

3. 表面质量对零件耐腐蚀性能的影响

表面粗糙度对零件耐腐蚀性能的影响很大。零件表面粗糙度越大，在波谷处越容易积聚腐蚀性介质而使零件发生化学腐蚀和电化学腐蚀。

表面层残余压应力对零件的耐腐蚀性能也有影响。残余压应力使表面组织致密，腐蚀性介质不易侵入，有助于提高表面的耐腐蚀能力；残余拉应力的对零件耐腐蚀性能的影响则相反。

4. 表面质量对零件间配合性质的影响

相配零件间的配合性质是由过盈量或间隙量来决定的。在间隙配合中，如果零件配合表面的粗糙度大，则由于磨损迅速使得配合间隙增大，从而降低了配合质量，影响了配合的稳定性。在过盈配合中，如果表面粗糙度大，则装配时表面波峰被挤平，使得实际有效过盈量减少，降低了配合件的连接强度，影响了配合的可靠性。因此，对有配合要求的表面应规定较小的表面粗糙度值。

在过盈配合中，如果表面硬化严重，将可能造成表面层金属与内部金属脱落的现象，从而破坏配合性质和配合精度。表面层残余应力会引起零件变形，使零件的形状、尺寸发生改变，因此它也将影响配合性质和配合精度。

5. 表面质量对零件其他性能的影响

表面质量对零件的使用性能还有一些其他影响。如对间隙密封的液压缸、滑阀来说，减小表面粗糙度 Ra 可以减少泄漏、提高密封性能；较小的表面粗糙度可使零件具有较高的接触刚度；对于滑动零件，减小表面粗糙度 Ra 能使摩擦系数降低、运动灵活性增高，减少发热和功率损失。

总之，提高加工表面质量，对于保证零件的性能、提高零件的使用寿命是十分重要的。

二、影响表面质量的工艺因素

（一）影响机械加工表面粗糙度的因素及降低表面粗糙度的工艺措施

1. 影响切削加工表面粗糙度的因素

在切削加工中，影响已加工表面粗糙度的因素主要包括几何因素、物理因素和加工中工艺系统的振动。下面以车削为例来说明，如图 2-29 所示。

（1）几何因素。切削加工时表面粗糙度的值主要取决于切削面积的残留高度。下面两式为车削时残留面积高度的计算公式：

图 2-29（a）所示为当刀尖圆弧半径 $r_\varepsilon = 0$ 时，残留面积高度 $R_{\max}$ 为

$$f = ad + db = R_{\max} \cot \kappa_r + R_{\max} \cot \kappa_r'$$

$$R_{\max} = \frac{f}{\cot \kappa_r + \cot \kappa_r'} \tag{2-17}$$

图 2-29（b）所示为当刀尖圆弧 $r_\varepsilon > 0$ 时，残留面积高度 $R_{\max}$ 为

$$R_{\max} = r_\varepsilon - \sqrt{r_\varepsilon^2 - \left(\frac{f}{2}\right)^2} \approx \frac{f^2}{8 r_\varepsilon}$$

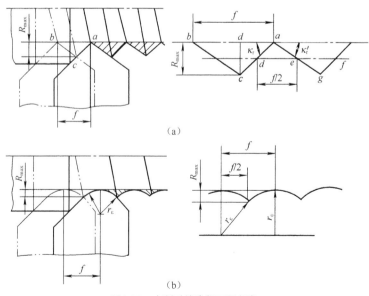

图2-29 车削时的残留面积高度

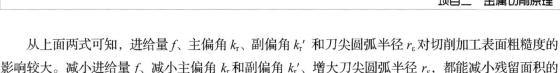

从上面两式可知，进给量 f、主偏角 k_r、副偏角 k_r' 和刀尖圆弧半径 r_ε 对切削加工表面粗糙度的影响较大。减小进给量 f、减小主偏角 k_r 和副偏角 k_r'、增大刀尖圆弧半径 r_ε，都能减小残留面积的高度 R_{max}，也就减小了零件的表面粗糙度。

（2）物理因素。在切削加工过程中，刀具对工件的挤压和摩擦使金属材料发生塑性变形，引起原有的残留面积扭曲或沟纹加深，增大表面粗糙度。当采用中等或中等偏低的切削速度切削塑性材料时，在前刀面上容易形成硬度很高的积屑瘤，它可以代替刀具进行切削，但状态极不稳定，积屑瘤生成、长大和脱落将严重影响加工表面的表面粗糙度值。另外，在切削过程中由于切屑和前刀面的强烈摩擦作用以及撕裂现象，还可能在加工表面上产生鳞刺，使加工表面的粗糙度增加。

（3）动态因素——振动的影响。在加工过程中，工艺系统有时会发生振动，即在刀具与工件间出现的除切削运动之外的另一种周期性的相对运动。振动的出现会使加工表面出现波纹，增大加工表面的粗糙度，强烈的振动还会使切削无法继续下去。

除上述因素外，造成已加工表面粗糙不平的原因还有被切屑拉毛和划伤等。

2．减小表面粗糙度的工艺措施

（1）在精加工时，应选择较小的进给量 f、较小的主偏角 k_r 和副偏角 k_r'、较大的刀尖圆弧半径 r_ε，以得到较小的表面粗糙度。

（2）加工塑性材料时，采用较高的切削速度可防止积屑瘤的产生，减小表面粗糙度。

（3）根据工件材料、加工要求，合理选择刀具材料，有利于减小表面粗糙度。

（4）适当的增大刀具前角和刃倾角，提高刀具的刃磨质量，降低刀具前、后刀面的表面粗糙度均能降低工件加工表面的粗糙度。

（5）对工件材料进行适当的热处理，以细化晶粒，均匀晶粒组织，可减小表面粗糙度。

（6）选择合适的切削液，减小切削过程中的界面摩擦，降低切削区温度，减小切削变形，抑制积屑瘤的产生，可以大大减小表面粗糙度。

三、影响表面物理力学性能的工艺因素

1．表面层残余应力

外载荷去除后，仍残存在工件表层与基体材料交界处的相互平衡的应力称为残余应力。产生表面残余应力的原因主要有以下几点。

（1）冷态塑性变形引起的残余应力。切削加工时，加工表面在切削力的作用下产生强烈的塑性变形，表层金属的比容增大，体积膨胀，但受到与它相连的里层金属的阻止，从而在表层产生了残余压应力，在里层产生了残余拉应力。当刀具在被加工表面上切除金属时，由于受后刀面的挤压和摩擦作用，表层金属纤维被严重拉长，仍会受到里层金属的阻止，而在表层产生残余压应力，在里层产生残余拉应力。

（2）热态塑性变形引起的残余应力。切削加工时，大量的切削热会使加工表面产生热膨胀，由于基体金属的温度较低，会对表层金属的膨胀产生阻碍作用，因此表层产生热态压应力。当加工结束后，表层温度下降要进行冷却收缩，但受到基体金属阻止，从而在表层产生残余拉应力，里层产生残余压应力。

（3）金相组织变化引起的残余应力。如果在加工中工件表层温度超过金相组织的转变温度，则工件表层将产生组织转变，表层金属的比容将随之发生变化，而表层金属的这种比容变化必然会受到与之相连的基体金属的阻碍，从而在表层、里层产生互相平衡的残余应力。例如在磨削淬火钢时，由于磨削热导致表层可能产生回火，表层金属组织将由马氏体转变成接近珠光体的屈氏体或索氏体，密度增大，比容减小，表层金属要产生相变收缩但会受到基体金属的阻止，而在表层金属产生残余拉应力，里层金属产生残余压应力。如果磨削时表层金属的温度超过相变温度，且冷却充分，表层金属将成为淬火马氏体，密度减小，比容增大，则表层将产生残余压应力，里层则产生残余拉应力。

2. 表面层加工硬化

（1）加工硬化的产生及衡量指标。机械加工过程中，工件表层金属在切削力的作用下产生强烈的塑性变形，金属的晶格扭曲，晶粒被拉长、纤维化甚至破碎而引起表层金属的强度和硬度增加，塑性降低，这种现象称为加工硬化（或冷作硬化）。另外，加工过程中产生的切削热会使得工件表层金属温度升高，当升高到一定程度时，会使得已强化的金属回复到正常状态，失去其在加工硬化中得到的物理力学性能，这种现象称为软化。因此，金属的加工硬化实际取决于硬化速度和软化速度的比率。

评定加工硬化的指标有下列 3 项。

① 表面层的显微硬度 HV。

② 硬化层深度 h（μm）。

③ 硬化程度 N。

（2）影响加工硬化的因素。

① 切削用量的影响。切削用量中进给量和切削速度对加工硬化的影响较大。增大进给量，切削力随之增大，表层金属的塑性变形程度增大，加工硬化程度增大；增大切削速度，刀具对工件的作用时间减少，塑性变形的扩展深度减小，故而硬化层深度减小。另外，增大切削速度会使切削区温度升高，有利于减少加工硬化。

② 刀具几何形状的影响。刀刃钝圆半径对加工硬化影响最大。实验证明，已加工表面的显微硬度随着刀刃钝圆半径的加大而增大，这是因为径向切削分力会随着刀刃钝圆半径的增大而增大，使得表层金属的塑性变形程度加剧，导致加工硬化增大。此外，刀具磨损会使得后刀面与工件间的摩擦加剧，表层的塑性变形增加，导致表面冷作硬化加大。

③ 加工材料性能的影响。工件的硬度越低、塑性越好，加工时塑性变形越大，冷作硬化越严重。

四、控制表面质量的工艺途径

随着科学技术的发展，对零件的表面质量要求已越来越高。为了获得合格零件，保证机器的使用性能，人们一直在研究控制和提高零件表面质量的途径。提高表面质量的工艺途径大致可以分为两类：一类是用低效率、高成本的加工方法，寻求各工艺参数的优化组合，以减小表面粗糙度；另一类是着重改善工件表面的物理力学性能，以提高其表面质量。

（一）降低表面粗糙度的加工方法

1. 超精密切削和低粗糙度磨削加工

（1）超精密切削加工。超精密切削是指表面粗糙度为 $Ra0.04\mu m$ 以下的切削加工方法。超精密切削加工最关键的问题在于要在最后一道工序切削 $0.1\mu m$ 的微薄表面层，这就既要求刀具极其锋利，刀具钝圆半径为纳米级尺寸，又要求这样的刀具有足够的耐用度，以维持其锋利。目前只有金刚石刀具才能达到这项要求。超精密切削时，走刀量要小，切削速度要非常高，才能保证工件表面上的残留面积小，从而获得极小的表面粗糙度。

（2）小粗糙度磨削加工。为了简化工艺过程，缩短工序周期，有时用小粗糙度磨削替代光整加工。小粗糙度磨削除要求设备精度高外，磨削用量的选择最为重要。在选择磨削用量时，参数之间往往会相互矛盾和排斥。例如，为了减小表面粗糙度，砂轮应修整得细一些，但如此却可能引起磨削烧伤；为了避免烧伤，应将工件转速加快，但这样又会增大表面粗糙度，而且容易引起振动；采用小磨削用量有利于提高工件表面质量，但会降低生产效率而增加生产成本；而且工件材料不同其磨削性能也不一样，一般很难凭手册确定磨削用量，要通过试验不断调整参数，因而表面质量较难准确控制。近年来，国内外对磨削用量最优化作了不少研究，分析了磨削用量与磨削力、磨削热之间的关系，并用图表表示各参数的最佳组合，加上计算机的运用，通过指令进行过程控制，使得小粗糙度磨削逐步达到了应有的效果。

2. 采用超精密加工、珩磨、研磨等方法作为最终工序加工

超精密加工、珩磨等都是利用磨条以一定压力压在加工表面上，并作相对运动以降低表面粗糙度和提高精度的方法，一般用于表面粗糙度为 $Ra0.4\mu m$ 以下的表面加工。该加工工艺由于切削速度低、压强小，所以发热少，不易引起热损伤，并能产生残余压应力，有利于提高零件的使用性能。且其加工工艺依靠自身定位，设备简单，精度要求不高，成本较低，容易实行多工位、多机床操作，生产效率高，因而在大批量生产中应用广泛。

（1）珩磨。珩磨是利用珩磨工具对工件表面施加一定的压力，同时珩磨工具还要相对工件完成旋转和直线往复运动，以去除工件表面的凸峰的一种加工方法。珩磨后工件圆度和圆柱度一般可控制在 $0.003\sim0.005mm$，尺寸精度可达 IT6～IT5，表面粗糙度为 $Ra0.2\sim0.025\mu m$。

（2）超精加工。超精加工是用细粒度油石，在较低的压力和良好的冷却润滑条件下，以快而短促的往复运动，对低速旋转的工件进行振动研磨的一种微量磨削加工方法。超精加工的加工余量一般为 $3\sim10\mu m$，所以它难以修正工件的尺寸误差及形状误差，也不能提高表面间的相互位置精度，但可以降低表面粗糙度值，能得到表面粗糙度为 $Ra0.1\sim0.01\mu m$ 的表面。目前，超精加工能加工各种不同材料，如钢、铸铁、黄铜、铝、陶瓷、玻璃、花岗岩等，能加工外圆、内孔、平面及特殊轮廓表面，广泛用于对曲轴、凸轮轴、刀具、轧辊、轴承、精密量仪及电子仪器等精密零件的加工。

（3）研磨。研磨是利用研磨工具和工件的相对运动，在研磨剂的作用下，对工件表面进行光整加工的一种加工方法。研磨可采用专用的设备进行加工，也可采用简单的工具，如研磨心棒、研磨套、研磨平板等对工件表面进行手工研磨。研磨可提高工件的形状精度及尺寸精度，

但不能提高表面位置精度，研磨后工件的尺寸精度可达 0.001mm，表面粗糙度可达 $Ra0.025\sim$ 0.006μm。

研磨的适用范围广，既可加工金属，又可加工非金属，如光学玻璃、陶瓷、半导体、塑料等。一般说来，刚玉磨料适用于对碳素工具钢、合金工具钢、高速钢及铸铁的研磨，碳化硅磨料和金刚石磨料适用于对硬质合金、硬铬等高硬度材料的研磨。

（4）抛光。抛光是在布轮、布盘等软性器具涂上抛光膏，利用抛光器具的高速旋转，依靠抛光膏的机械刮擦和化学作用去除工件表面粗糙度的凸峰，使表面光泽的一种加工方法。抛光一般不去除加工余量，因而不能提高工件的精度，有时可能还会损坏已获得的精度；抛光也不可能减小零件的形状和位置误差。工件表面经抛光后，表面层的残余拉应力会有所减少。

（二）改善表面物理力学性能的加工方法

如前所述，表面层的物理力学性能对零件的使用性能及寿命影响很大，如果在最终工序中不能保证零件表面获得预期的表面质量要求，则应在工艺过程中增设表面强化工序来保证零件的表面质量。表面强化工艺包括化学处理、电镀和表面机械强化等几种。这里仅讨论机械强化工艺问题。机械强化是指通过对工件表面进行冷挤压加工，使零件表面层金属发生冷态塑性变形，从而提高其表面硬度并在表面层产生残余压应力的无屑光整加工方法。采用表面强化工艺还可以降低零件的表面粗糙度值。这种方法工艺简单、成本低，在生产中应用十分广泛，用得最多的是喷丸强化和滚压加工。

1. 喷丸强化

喷丸强化是利用压缩空气或离心力将大量直径为 0.4～4mm 的珠丸高速打击零件表面，使其产生冷硬层和残余压应力的强化方法，可以显著提高零件的疲劳强度。珠丸可以采用铸铁、砂石以及钢铁制造。所用设备是压缩空气喷丸装置或机械离心式喷丸装置，这些装置使珠丸能以 35～50mm/s 的速度喷出。喷丸强化工艺可用来加工各种形状的零件，加工后零件表面的硬化层深度可达 0.7mm，表面粗糙度值 Ra 可由 3.2μm 减小到 0.4μm，使用寿命可提高几倍甚至几十倍。

2. 滚压加工

滚压加工是在常温下通过淬硬的滚压工具（滚轮或滚珠）对工件表面施加压力，使其产生塑性变形，将工件表面上原有的波峰填充到相邻的波谷中，从而以减小了表面粗糙度值，并在其表面产生了冷硬层和残余压应力，使零件的承载能力和疲劳强度得以提高。滚压加工可使表面粗糙度 Ra 值从 1.25～5μm 减小到 0.8～0.63μm，表面层硬度一般可提高 20%～40%，表面层金属的耐疲劳强度可提高 30%～50%。滚压用的滚轮常用碳素工具钢 T12A 或者合金工具钢 CrWMn、Cr12、CrNiMn 等材料制造，淬火硬度在 62～64HRC；或用硬质合金 YG6、YT15 等制成；其型面在装配前需经过粗磨，装上滚压工具后再进行精磨。

3. 金刚石压光

金刚石压光是一种用金刚石挤压加工表面的新工艺，国外已在精密仪器制造业中得到较广泛的应用。压光后的零件表面粗糙度可达 $Ra0.4\sim0.02$μm，耐磨性比磨削后的提高 1.5～3 倍，但比研磨后的低 20%～40%，而生产率却比研磨高得多。金刚石压光用的机床必须是高精度机床，它要求机床刚性好、抗振性好，以免损坏金刚石。此外，它还要求机床主轴精度高，径向跳动和轴向窜动在 0.01mm 以内，主轴转速能在 2 500～6 000r/min 的范围内无级调速。机床主轴运动与进给运动应分离，以保证压光的表面质量。

4. 液体磨料强化

液体磨料强化是利用液体和磨料的混合物高速喷射到已加工表面，以强化工件表面，提高工件的耐磨性、抗蚀性和疲劳强度的一种工艺方法。液体和磨料在 400～800Pa 压力下，经过喷嘴高速喷出，射向工件表面，借磨粒的冲击作用，碾压加工表面，工件表面产生塑性变形，变形层仅为几十微米。加工后的工件表面具有残余压应力，提高了工件的耐磨性、抗蚀性和疲劳强度。

知识拓展

超高速切削

超高速切削是在 20 世纪 70 年代国内外发展应用的一种先进切削技术。超高速切削可达到很高的切削效率和高的切削加工质量，目前在航空航天、汽车制造和精密机械制造的车、铣和磨削等加工中均有使用。

1. 超高速切削速度

对于不同的加工方法、加工材料和设备，超高速切削速度并不相同，有资料表明，超高速切削速度为常用切削速度的 10 倍左右。例如，切削铝合金为 1 500～7 500m/min、铜合金 3 000～4 500m/min、铸铁 750～5 500m/min、钢 1 000m/min 以上。此外，超高速切削能有效地切削难加工金属材料。

2. 超高速切削原理的主要特点

（1）超高速切削时，切削温度高，但有利于减小刀—面间摩擦，切屑流出阻力减小，因此，超高速切削时切削力 F_c 较小。

（2）超高速切削的切削温度虽骤增，但切屑带走的热量占比例很高，留在机床、工件中相对较少。

（3）超高速切削生产率很高，且在单位时间内对金属材料的切除率很多，因此，在相同切除率条件下，超高速切削的刀具寿命很高。

3. 超高速切削条件

目前高性能涂层刀具、CBN、PCD 和陶瓷刀具的使用日益增多，为超高速切削提供了有利条件，但对超高速切削机床提出了极高的性能与结构要求，例如，机床结构、材料、动力、精度、刚性、轴承、润滑、排屑、安全、控制、刀具与机床间连接均需特殊和专门研究。我国已引进一些超高速车床、铣床、磨床和数控机床，并且已研制了各类超高速机床，对切削理论开展研究，发表了许多成果。

思考与练习

（1）机械加工表面质量的含义应包括哪些内容？

（2）减小表面粗糙度的工艺措施有哪些？

（3）什么是加工硬化？影响加工硬化的因素有哪些？

（4）什么是表面层残余应力？影响表面层残余应力的因素有哪些？

Chapter 3

项目三

| 金属切削机床的基本知识 |

金属切削机床的分类和型号

任务 1 的具体内容是，掌握机床的类别和分类代号，了解机床型号的编制。通过这一具体任务的实施，能够了解机床型号的含义。

▌ 知识点与技能点 ▐

（1）机床的分类。

（2）机床型号的编制。

▌ 工作情景分析 ▐

金属切削机床是用刀具切削的方法将金属毛坯加工成机器零件的机器，它是制造机器的机器，所以又称为"工作母机"，习惯上简称为机床。机床是机械制造的基础机械，其技术水平的高低、质量的好坏，对机械产品的生产率和经济效益都有重要的影响。金属切削机床诞生到现在已经有一百多年了，随着工业化的发展，机床品种越来越多，技术也越来越复杂。我国第三次工业普查的结果表明，截止到 1995 年年底，我国机床拥有量为 383.52 万台，其中金属切削机床为 298.39 万台，已占机床总数的 77.80%。

相关知识

一、机床的分类

金属切削机床的品种和规格繁多。为了便于区别、使用和管理，需对机床进行分类和编制型号。

1. 按加工性质和所用刀具

按加工性质和所用刀具可分为 11 大门类，如表 3-1 所示。

表 3-1　　　　　　　　　机床的类别和分类代号

类别	车床	钻床	镗床	磨床	齿轮加工机床	螺纹加工机床	铣床	刨插床	拉床	锯床	其他机床
代号	C	Z	T	M	Y	S	X	B	L	G	Q
读音	车	钻	镗	磨	牙	丝	铣	刨	拉	割	其

在每一类机床中，又按工艺范围，布局型式和结构性能分为若干组，每一组又分为若干个系（系列）。

2. 按照万能性程度分

按照万能性程度，机床可分为通用机床、专门化机床和专用机床。

（1）通用机床。这类机床的工艺范围很宽，可以加工一定尺寸范围内的多种类型零件，完成多种多样的工序。如，卧式车床、万能升降台铣床、万能外圆磨床等。

（2）专门化机床。这类机床的工艺范围较窄，只能用于加工不同尺寸的一类或几类零件的一种（或几种）特定工序。如，丝杆车床、凸轮轴车床等。

（3）专用机床　这类机床的工艺范围最窄，通常只能完成某一特定零件的特定工序。如，加工机床主轴箱体孔的专用镗床、加工机床导轨的专用导轨磨床等。它是根据特定的工艺要求专门设计、制造的，生产率和自动化程度较高，使用于大批量生产。组合机床也属于专用机床。

3. 按照机床的工作精度分

按照机床的工作精度可分为普通精度机床、精密机床和高精度机床。

4. 按照重量和尺寸

按照重量和尺寸可分为仪表机床、中型机床（一般机床）、大型机床（质量大于 10t）、重型机床（质量在 30t 以上）和超重型机床（质量在 100t 以上）。

5. 按照机床主要工作部件的数目分

按照机床主要工作部件数目可分为单轴、多轴或单刀、多刀机床等。

6. 按照自动化程度不同分

按照自动化程度不同可分为普通、半自动和自动机床。自动机床具有完整的自动工作循环，包括自动装卸工件，能够连续的自动加工出工件。半自动机床也有完整的自动工作循环，但装卸工件还需人工完成，因此不能连续地加工。

二、机床型号的编制

机床型号是机床产品的代号，用以简明的表示机床的类型、通用和结构特性、主要技术参数等。

GB/T 15375—94《金属切削机床型号编制方法》规定，我国的机床型号由汉语拼音字母和阿拉伯数字按一定规律组合而成，适用于各类通用机床和专用机床（组合机床除外）。

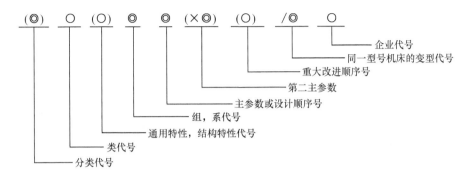

其中，O 为大写的汉语拼音字母；◎为阿拉伯数字。有（ ）的代号或数字，当无内容时，则不表示；若有内容，则不带括号。

1. 通用机床的型号编制

（1）机床的类、组、系代号。机床的类别及分类代号见表3-1。每类机床划分为10个组，见表3-2，每个组又划分为10个系（系列），见表3-3。组别、系别划分的原则是：在同一类机床中，其结构性能及使用范围基本相同的机床，即为同一组。在同一组机床中，其主参数相同，并按一定公比排列，工件及刀具本身的和相对的运动特点基本相同，而且基本结构及布局形式相同的机床，即为同一系。

表 3-2　　　　　　　　金属切削机床类、组划分表

类别 \ 组别	0	1	2	3	4	5	6	7	8	9
车床 C	仪表车床	单轴自动、半自动车床	多轴自动、半自动车床	回轮、转塔车床	曲轴及凸轮轴车床	立式车床	落地及卧式车床	仿形及多刀车床	轮、轴、辊、锭及铲齿车床	其他车床
钻床 Z	—	坐标镗钻床	深孔钻床	摇臂钻床	台式钻床	立式钻床	卧式钻床	铣钻床	中心孔钻床	—
镗床 T	—	—	深孔镗床	—	坐标镗床	立式镗床	卧式铣镗床	精镗床	汽车、拖拉机修理用镗床	—
磨床 M	仪表磨床	外圆磨床	内圆磨床	砂轮机	坐标磨床	导轨磨床	刀具刃磨床	平面及端面磨床	曲轴、凸轮轴、花键轴及轧辊磨床	工具磨床
磨床 2M	—	超精机	内圆研磨机	外圆及其他研磨机	抛光机	砂带抛光及磨削机床	刀具刃磨及研磨机床	可转位刀片磨削机床	研磨机	其他磨床

续表

类别		0	1	2	3	4	5	6	7	8	9
磨床	3M	—	球轴承套圈沟磨床	滚子轴承套圈滚道磨床	轴承套圈超精机床		叶片磨削机床	滚子加工机床	钢球加工机床	气门、活塞及活塞环磨削机床	汽车、拖拉机修磨机床
齿轮加工机床 Y		仪表齿轮加工机	—	锥齿轮加工机	滚齿及铣齿机	剃齿及研齿机	插齿机	花键轴铣床	齿轮磨齿机	其他齿轮加工机	齿轮倒角及检查机
螺纹加工机床 S		—	—	—	套丝机	攻丝机	—	螺纹铣床	螺纹磨床	螺纹车床	—
铣床 X		仪表铣床	悬臂及滑枕铣床	龙门铣床	平面铣床	仿形铣床	立式升降台铣床	卧式升降台铣床	床身铣床	工具铣床	其他铣床
刨插床 B		—	悬臂刨床	龙门刨床	—	—	插床	牛头刨床		边缘及模具刨床	其他刨床
拉床 L		—	—	侧拉床	卧式外拉床	连续拉床	立式内拉床	卧式内拉床	立式外拉床	键槽及螺纹拉床	其他拉床
锯床 G		—	—	砂轮片锯床	—	卧式带锯床	立式带锯床	圆锯床	弓锯床	锉锯床	—
其他机床 Q		其他仪表机床	管子加工机床	木螺钉加工机	—	刻线机	切断机	—	—	—	—

表 3-3　　　　　　　常用机床组、系代号及主要参数

类	组	系	机床名称	主参数的折算系数	主参数	第二主参数
车床	1	1	单轴纵切自动车床	1	最大棒料直径	
	1	2	单轴纵切自动车床	1	最大棒料直径	
	1	3	单轴转塔自动车床	1	最大棒料直径	
	2	1	多轴棒料自动车床	1	最大棒料直径	轴数
	2	2	多轴卡盘自动车床	1/10	卡盘直径	轴数
	2	6	立式多轴半自动车床	1/10	最大车削直径	轴数
	3	0	回轮车床	1	最大棒料直径	
	3	1	滑鞍转塔车床	1/10	最大车削直径	
	3	3	滑枕转塔车床	1/10	最大卡盘直径	
	4	1	曲轴车床	1/10	最大工件回转直径	最大工件长度
	4	6	凸轮轴车床	1/10	最大工件回转直径	最大工件长度
	5	1	单柱立式车床	1/100	最大车削直径	最大工件长度

续表

类	组	系	机 床 名 称	主参数的折算系数	主 参 数	第二主参数
车床	5	2	双柱立式车床	1/100	最大车削直径	最大工件长度
	6	0	落地车床	1/100	最大工件回转直径	最大工件长度
	6	1	卧式车床	1/10	床身上最大回转直径	最大工件长度
	6	2	马鞍车床	1/10	床身上最大回转直径	最大工件长度
	6	4	卡盘车床	1/10	床身上最大回转直径	最大工件长度
	7	5	球面车床	1/10	刀架上最大车削直径	最大工件长度
	7	1	仿形车床	1/10	刀架上最大车削直径	最大工件长度
	7	6	卡盘多发车床	1/10	刀架上最大车削直径	
	8	4	轧辊车床	1/10	最大工件直径	最大工件长度
	8	9	铲齿车床	1/10	最大工件直径	最大模数
钻床	1	3	立式坐标镗钻床	1	最大钻孔直径	工作台面长度
	2	1	深孔钻床	1	最大钻孔直径	最大钻孔深度
	3	0	摇臂钻床	1	最大钻孔直径	最大跨距
	3	1	万向摇臂钻床	1	最大钻孔直径	最大跨距
	4	0	台式钻床	1	最大钻孔直径	
	5	0	圆柱立式钻床	1	最大钻孔直径	
	5	1	方柱立式钻床	1	最大钻孔直径	
	5	2	可调多轴立式钻床	1	最大钻孔直径	轴数
	8	1	中心孔钻床	1	最大工件直径	最大工件长度
	8	2	平端面中心孔钻床	1	最大工件直径	最大工件长度
镗床	4	1	立式单柱坐标镗床	1	工作台面宽度	
	4	2	立式单柱坐标镗床	1/10	工作台面宽度	
	4	6	卧式坐标镗床	1/10	工作台面宽度	
	6	1	卧式镗床	1/10	镗轴直径	
	6	2	落地镗床	1/10	镗轴直径	
	6	9	落地铣镗床	1/10	镗轴直径	铣轴直径
	7	0	单面卧式精镗床	1/10	工作台面宽度	工作台面长度
	7	1	双面卧式精镗床	1/10	工作台面宽度	工作台面长度
	7	2	立式精镗床	1/10	最大镗孔直径	
磨床	0	4	抛光机			
	0	6	刀具磨床			
	1	0	无心外圆磨床	1	最大磨削直径	
	1	3	外圆磨床	1/10	最大磨削直径	最大磨削长度
	1	4	万能外圆磨床	1/10	最大磨削直径	最大磨削长度

续表

类	组	系	机床名称	主参数的折算系数	主参数	第二主参数
磨床	1	5	宽砂轮外圆磨床	1/10	最大磨削直径	最大磨削长度
	1	6	端面外圆磨床	1/10	最大回转直径	最大工件长度
	2	1	内圆磨床	1/10	最大磨削孔径	最大磨削深度
	2	5	立式行星内内圆磨床	1/10	最大磨削孔径	最大磨削深度
	3	0	落地砂轮机	1/10	最大砂轮孔径	
	4	1	单柱坐标磨床	1/10	工作台面宽度	
	4	2	双柱坐标磨床	1/10	工作台面宽度	
	5	0	落地导轨磨床	1/100	最大磨削宽度	最大磨削长度
	5	2	龙门导轨磨床	1/100	最大磨削宽度	最大磨削长度
	6	0	万能工具磨床	1/10	最大回转宽度	最大工件长度
	6	3	钻头刃磨床	1	最大刃磨钻头直径	
	7	1	卧轴矩台平面磨床	1/10	工作台面宽度	工作台面长度
	7	3	卧轴圆台平面磨床	1/10	工作台面直径	
	7	4	立轴矩台平面磨床	1/10	工作台面直径	
	8	2	曲轴磨床	1/10	工作回转直径	最大工件长度
	8	3	凸轮轴磨床	1/10	工作回转直径	最大工件长度
	8	6	花键轴磨床	1/10	最大磨削直径	最大磨削长度
	9	0	曲线磨床	1/10	最大磨削长度	
齿轮加工机床	2	0	弧齿锥齿轮磨齿机	1/10	最大工件直径	最大模数
	2	2	弧齿锥齿轮磨齿机	1/10	最大工件直径	最大模数
	2	3	直齿锥齿轮刨齿机	1/10	最大工件直径	最大模数
	3	1	滚齿机	1/10	最大工件直径	最大模数
	3	6	卧式滚齿机	1/10	最大工件直径	最大模数或长度
	4	2	剃齿机	1/10	最大工件直径	最大模数
	4	6	珩齿机	1/10	最大工件直径	最大模数
	5	1	插齿机	1/10	最大工件直径	最大模数
	6	0	花键轴铣床	1/10	最大工件直径	最大模数长度
	7	0	碟形砂轮磨齿机	1/10	最大工件直径	最大模数
	7	1	锥形砂轮磨齿机	1/10	最大工件直径	最大模数
	7	2	蜗形砂轮磨齿机	1/10	最大工件直径	最大模数
	8	0	车齿机	1/10	最大工件直径	最大模数
	9	3	齿轮倒角机	1/10	最大工件直径	最大模数
	9	9	齿轮噪声检查机	1/10	最大工件直径	

类	组	系	机 床 名 称	主参数的折算系数	主 参 数	第二主参数
螺纹加工机床	3	0	套丝机	1	最大套丝直径	
	4	8	卧式攻丝机	1/10	最大攻丝直径	轴数
	6	0	丝杠铣床	1/10	最大铣削直径	最大铣削长度
	6	2	短螺纹铣床	1/10	最大铣削直径	最大铣削长度
	7	4	丝杠磨床	1/10	最大工件直径	最大工件长度
	7	5	万能螺纹磨床	1/10	最大工件直径	最大工件长度
	8	6	丝杠车床	1/100	最大工件长度	最大工件长度
	8	9	多头螺纹车床	1/10	最大车削直径	最大车削长度
铣床	2	0	龙门铣床	1/100	工作台面宽度	工作台面长度
	3	0	圆台铣床	1/100	工作台面直径	
	4	3	平面仿形铣床	1/100	最大铣削宽度	最大铣削长度
	4	4	立体仿形铣床	1/100	最大铣削宽度	最大铣削长度
	5	0	立式升降台铣床	1/10	工作台面宽度	工作台面长度
	6	0	卧式升降台铣床	1/10	工作台面宽度	工作台面长度
	6	1	万能升降台铣床	1/10	工作台面宽度	工作台面长度
	7	1	床身铣床	1/100	工作台面宽度	工作台面长度
	8	1	万能工具铣床	1/10	工作台面宽度	工作台面长度
	9	2	键槽铣床	1	最大键槽宽度	
刨插床	1	0	悬臂刨床	1/100	最大刨削宽度	最大刨削长度
	2	0	龙门刨床	1/100	最大刨削宽度	最大刨削长度
	2	2	龙门铣磨刨床	1/100	最大刨削宽度	最大刨削长度
	5	0	插床	1/10	最大插削长度	
	6	0	牛头刨床	1/10	最大刨削长度	
拉床	3	1	卧式外拉床	1/10	额定拉力	最大行程
	4	3	连续拉床	1/10	额定拉力	
	5	1	立式内拉床	1/10	额定拉力	最大行程
	6	1	卧式内拉床	1/10	额定拉力	最大行程
	7	1	立式内拉床	1/10	额定拉力	最大行程
	9	1	气缸体平面拉	1/10	额定拉力	最大行程
锯床	5	1	立式带锯床	1/10	最大锯削厚度	
	6	0	卧式圆锯床	1/10	最大圆锯片直径	
	7	1	夹板卧式弓锯床	1/100	最大锯削直径	
其他机床	1	6	管接头车丝机	1/10	最大加工直径	
	2	1	木螺钉螺纹加工机	1	最大工件直径	最大工件长度
	4	0	圆刻线机	1/100	最大加工直径	
	4	1	长刻线机	1/100	最大加工长度	

机床的组别、系别代号用两位阿拉伯数字表示，前一位表示组别，后一位表示系别。每类机床按其结构性能及使用范围划分为用数字0～9表示的10个组。在同一组机床中，又按主参数相同、主要结构及布局型式相同划分为用数字0～9表示的10个系。

（2）机床的通用特性和结构特性代号。通用特性代号位于类代号之后，用大写汉语拼音字母表示。当某种类型机床除有普通型外，还有如表3-4所示的某种通用特性时，则在类代号之后加上相应特性代号。如"CK"表示数控车床；如果同时具有两种通用特性时，则可按重要程度排列，用两个代号表示，如"MBG"表示半自动高精度磨床。

表3-4　　　　　　　　　　　　　　机床通用特性代号

通用特性	高精度	精密	自动	半自动	数控	加工中心（自动换刀）	仿形	轻型	加重型	简式或经济型	柔性加工单元	数显	高速
代号	G	M	Z	B	K	H	F	Q	C	J	R	X	S
读音	高	密	自	半	控	换	仿	轻	重	简	柔	显	速

对于主参数相同，而结构、性能不同的机床，在型号中用结构特性区分。结构特性代号在型号中无统一含义，它只是在同类型机床中起区分结构、性能不同的作用。当机床具有通用特性代号时，结构特性代号位于通用特性代号之后，用大写汉语拼音字母表示。如CA6140中的"A"和CY6140中的"Y"，均为结构特性代号，它们分别表示为沈阳第一机床厂和云南机床厂生产的基本型号的卧式车床。为了避免混淆，通用特性代号已用的字母和"I"、"O"都不能作为结构特性代号使用。

（3）机床主参数、设计顺序号及第二主参数。机床主参数是表示机床规格大小的一种尺寸参数。在机床型号中，用阿拉伯数字给出主参数的折算值，位于机床组、系代号之后。折算系数一般是1/10或1/100，也有少数是1。例如，CA6140型卧式机床中主参数的折算值为40（折算系数是1/10），其主参数表示在床身导轨面上能车削工件的最大回转直径为400mm。各类主要机床的主参数及折算系数见表3-3。某些通用机床，当无法用一个主参数表示时，则用设计顺序号来表示。第二主参数是对主参数的补充，如最大工件长度、最大跨距、工作台工作面长度等，第二主参数一般不予给出。

（4）机床的重大改进顺序号。当机床的性能及结构有重大改进，并按新产品重新设计、试制和鉴定时，在原机床型号尾部加重大改进顺序号，即汉语拼音字母A、B、C……

（5）其他特性代号与企业代号。其他特性代号用以反映各类机床的特性，如对数控机床，可用来反映不同的数控系统；对于一般机床可用以反映同一型号机床的变型等。其他特性代号可用汉语拼音字母或阿拉伯数字或二者的组合来表示。企业代号与其他特性代号表示方法相同，位于机床型号尾部，用"—"与其他特性代号分开，读作"至"。若机床型号中无其他特性代号，仅有企业代号时，则不加"—"，企业代号直接写在"/"后面。

根据通用机床型号编制方法，举例如下。

① MG1432A：表示高精度万能外圆磨床，最大磨削直径为320mm，经过第一次重大改进，无企业代号。

② Z3040×16/S2：表示摇臂钻床，最大钻孔直径为40mm，最大跨距为1600mm，沈阳第二机床厂生产。

③ CKM1116/NG：表示数控精密单轴纵切自动车床，最大车削棒料直径为16mm，宁江机床厂生产。

通用机床的型号编制的另一种写法举例：

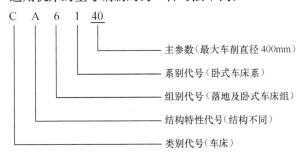

C A 6 1 40
主参数（最大车削直径400mm）
系别代号（卧式车床系）
组别代号（落地及卧式车床组）
结构特性代号（结构不同）
类别代号（车床）

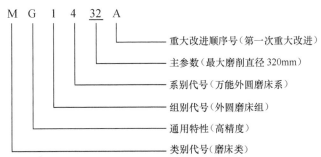

M G 1 4 32 A
重大改进顺序号（第一次重大改进）
主参数（最大磨削直径320mm）
系别代号（万能外圆磨床系）
组别代号（外圆磨床组）
通用特性（高精度）
类别代号（磨床类）

机床型号是机床产品的代号，用以简明的表示机床的类型、通用和结构特性、主要技术参数等。GB/T 15375—94《金属切削机床型号编制方法》规定，我国的机床型号由汉语拼音字母和阿拉伯数字按一定规律组合而成，适用于各类通用机床和专用机床（组合机床除外）。

2. 专用机床的型号编制

（1）专用机床型号表示方法。专用机床的型号一般由设计单位代号和设计顺序号组成，其表示方法为：

（○）－△
设计顺序号（阿拉伯数字）
设计单位代号

（2）设计单位代号。设计单位代号同通用机床型号中的企业代号。

（3）专用机床的设计顺序号。按该单位的设计顺序号（从"001"起始）排列，位于设计单位代号之后，并用"－"隔开，读作"至"。

例如，北京第一机床厂设计制造的第100种专用机床为专用铣床，其型号为B1－100。

知识拓展

其他特性代号及其表示方法

（1）其他特性代号置于辅助部分之首。其中同一型号机床的变型代号，一般应放在其他特性代号之首位。

（2）其他特性代号主要用以反映各类机床的特性，如对于数控机床，可用来反映不同的控制系统等；对于加工中心，可用以反映控制系统、自动交换主轴头、自动交换工作台等；对于柔性加工单元，可用以反映自动交换主轴箱；对于一机多能机床，可用以补充表示某些功能；对于一般机床，可以反映同一型号机床的变型等。

（3）其他特性代号可用汉语拼音字母（"I、O"两个字母除外）表示。当单个字母不够用时，可将两个字母组合起来使用，如：AB、AC、AD……或 BA、CA、DA 等。

其他特性代号，也可用阿拉伯数字表示。

其他特性代号，还可用阿拉伯数字和汉语拼音字母组合表示。可用汉语拼音字母读音表示，如有需要也可用相应的汉字字意读音表示。

思考与练习

（1）通用机床按加工性质和所用的刀具不同分为哪 11 大类，其类别代号是什么？

（2）解释下列机床型号的含义：

Y3150E；C1312；CA6140；Z3040；T4140；MBG1432；L6120；B2010A；X5032

任务2　零件加工的成形方法及传动原理

任务 2 的具体内容是，了解零件加工的成形方法，掌握机械传动装置的工作原理。通过这一具体任务的实施，了解机床的传动系统。

知识点与技能点

（1）零件加工的成形方法。

（2）常见的几种机械传动装置。

工作情景分析

各种类型机床的具体用途和加工方法虽然各不相同，但其基本工作原理则相同，即所有机床都必须通过刀具和工件之间的相对运动，切除坯件上多余金属，形成一定形状、尺寸和质量的表面，从而获得所需的机械零件。因此，机床加工机械零件的过程，其实质就是形成零件上各个工作表面的过程。

相关知识

一、零件表面的切削加工成形方法

在切削加工过程中，机床上的刀具和工件按一定的规律作相对运动，通过刀具对工件毛坯的切削作用，切除毛坯上的多余金属，从而得到所要求的零件表面形状。机械零件的任何表面都可以看作是一条线（称为母线）沿另一条线（称为导线）运动的轨迹。如图 3-1 所示。

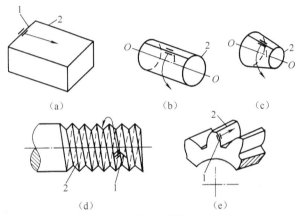

图3-1　成形运动的组成
1—母线；2—导线

平面是由一条直线（母线）沿另一条直线（导线）运动而形成的；圆柱面和圆锥面是由一条直线（母线）沿着一个圆（导线）运动而形成的；普通螺纹的螺旋面是由"∧"形线（母线）沿螺旋线（导线）运动而形成的；直齿圆柱齿轮的渐开线齿廓表面是渐开线（母线）沿直线（导线）运动而形成的，等等。

母线和导线统称为发生线。切削加工中发生线是由刀具的切削刃与工件间的相对运动得到的。一般情况下，由切削刃本身或与工件相对运动配合形成一条发生线（一般是母线），而另一条发生线则完全是由刀具和工件之间的相对运动得到的。由于加工方法、刀具结构及切削刃的形状不同，所以，形成母线和导线的方法及所需运动也不相同。概括起来有以下 4 种。

（1）轨迹法。它是指的是刀具切削刃与工件表面之间为近似点接触，通过刀具与工件之间的相对运动，由刀具刀尖的运动轨迹来实现表面的成形，如图 3-2（a）所示。刨刀沿箭头 A_1 方向的运动形成母线，沿箭头 A_2 方向的运动形成导线。

（2）成形法。它是指刀具切削刃与工件表面之间为线接触，切削刃的形状与形成工件表面的一条发生线完全相同，另一条发生线由刀具与工件的相对运动来实现，如图 3-2（b）所示。

（3）相切法。它是利用刀具边旋转边做轨迹运动对工件进行加工的方法。如图 3-2（c）所示。刀具作旋转运动 B_1，刀具圆柱面与被加工表面相切的直线就是母线。刀具沿 A_2 作曲线运动，形成导线。两个运动的叠加，形成加工表面。相切法又称包络线法。

（4）展成法。它是指对各种齿形表面进行加工时，刀具的切削刃与工件表面之间为线接触，刀具与工件之间作展成运动（或称啮合运动），齿形表面的母线是切削刃各瞬时位置的包络线，如图 3-2（d）、（e）所示。

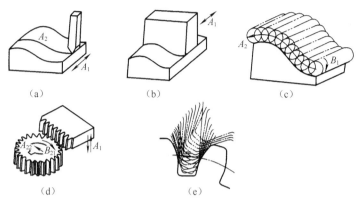

图3-2　形成发生线的方法

二、机床传动的基本组成和传动原理图

1. 机床传动的基本组成部分

机床的传动必须具备以下的 3 个基本部分。

（1）运动源。它是为执行件提供动力和运动的装置，通常为电动机，如交流异步电动机、直流电动机、直流和交流伺服电动机、步进电动机、交流变频调速电动机等。

（2）传动件。它是传递动力和运动的零件，如齿轮、链轮、带轮、丝杠、螺母等，除机械传动外，还有液压传动和电气传动元件等。

（3）执行件。它是夹持刀具或工件执行运动的部件。常用执行件有主轴、刀架、工作台等，是传递运动的末端件。

2. 机床的传动装置

机床的传动装置一般有机械、液压、电气传动等形式。液压、电气传动由专门课程讲解，不再讲述。机械传动按传动原理可分为分级传动和无级传动。下面着重介绍几种常用的机械传动装置。

（1）离合器。离合器的作用是实现运动的启动、停止、换向、变速。

离合器的种类很多，按其结构和用途不同，可分为啮合式离合器、摩擦式离合器、超越离合器和安全离合器。

① 啮合式离合器。啮合式离合器利用两个零件上相互啮合的齿爪传递运动和转矩。根据结构形状不同，分为牙嵌式和齿轮式两种。

牙嵌式离合器由两个端面带齿爪的零件组成，如图 3-3（a）、（b）所示。右半离合器 2 用导键或花键 3 与轴 4 连接，带有左半离合器的齿轮 1 空套在轴 4 上，通过操纵机构控制右半离合器 2 使齿爪啮合或脱开，便可将齿轮 1 与轴 4 连接在一起旋转，或使齿轮 1 在轴上空转。

齿轮式离合器是由两个圆柱齿轮所组成的。其中一个为外齿轮，另一个为内齿轮，如图 3-3（c）、（d）所示，两者齿数和模数完全相同。当它们相互啮合时，空套齿轮与轴连接或同轴线的两轴连接同时旋转；当它们相互脱开时运动联系便断开。

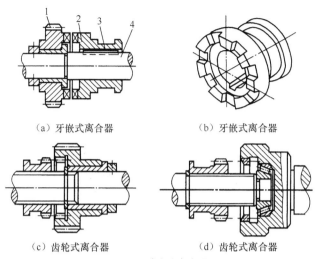

（a）牙嵌式离合器　　　　　　　　（b）牙嵌式离合器

（c）齿轮式离合器　　　　　　　　（d）齿轮式离合器

图3-3　啮合式离合器

1—齿轮；2—右半离合器；3—花键；4—轴图

②　摩擦式离合器。它利用相互压紧的两个零件接触面间所产生的摩擦力传递运动和转矩，其结构形式较多，车床上应用较多的是多片摩擦离合器。

图 3-4 所示为机械式多片摩擦离合器。它由内摩擦片 5、外摩擦片 4、止推片 3、压套 7、滑套 9 及空套齿轮 2 等组成。内摩擦片 5 装在轴 1 的花键上与轴 1 一起转，外摩擦片 4 的外圆上有四个凸齿装在齿轮 2 的缺口槽中，内圆空套在轴 1 上。当操纵机构将滑套 9 向左移动时，通过钢球 8 推动压套 7，带动圆螺母 6 压紧内外摩擦片，由内外摩擦片的摩擦力传给齿轮 2 而传递运动。

（2）变速组。它是实现机床分级变速的基本机构。其常见的形式如图 3-5 所示。

①　滑移齿轮变速组。如图 3-5（a）所示，轴 I 上装有 Z_1、Z_2、Z_3 共 3 个齿轮，它们与轴牢固连接，称为固定齿轮。轴的转动一定会带动 3 个齿轮转动。反之，任何一个齿轮转动也一定带动轴 I 转动。轴 II 上装有一个联体齿轮（Z_1'、Z_2'、Z_3'），称为三联齿轮。该联体齿轮与轴 II 的连接是滑移连接，即该三联齿轮可以沿轴 II 的轴线方向移动，但不能与轴 II 发生相对转动。当三联滑移齿轮分别滑移至左、中、右 3 个不同的啮合工作位置时，即会获得 3 种不同的传动比 Z_1/Z_1'、Z_2/Z_2'、Z_3/Z_3'。此时，如果轴 I 只有一种转速，则轴 II 可得 3 种不同的转速，这个机构称为滑移齿轮变速组。滑移齿轮变速组结构紧凑，传动效率高，变速方便，传递动力大。但不能在运动过程中变速，只能在停车或很慢转动时变速。

②　离合器变速组。如图 3-5（b）所示，轴 I 上装有两个固定齿轮 Z_1、Z_2，分别与空套在轴 II 上的齿轮 Z_1'、Z_2' 啮合。所谓"空套齿轮"是指套装在轴上（轴只起支承作用），与轴是无传动连接的，即轴转动不会带动齿轮转动，反之，齿轮转动也不会带动轴转动。在 Z_1' 和 Z_2' 之间，装有端面齿双向离合器，且离合器用花键与轴 II 相连，由于 Z_1/Z_1'、Z_2/Z_2' 的传动比不同，所以，如果轴 I 只有一种转速，则离合器分别向左啮合或向右啮合，轴 II 就会得到两种转速。离合器变速组操作方便，变速时齿轮不需移动，故常用于斜齿圆柱齿轮传动中，使传动平稳。

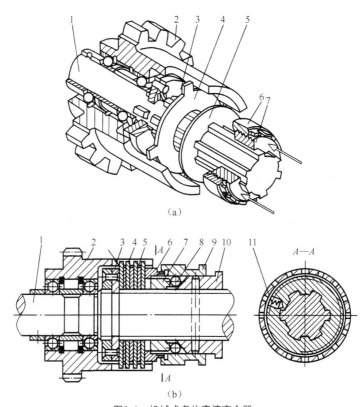

（a）

（b）

图3-4　机械式多片摩擦离合器

1—轴；2—空套齿轮；3—止推片；4—外摩擦片；5—内摩擦片；
6—螺母；7—左压套；8—滚珠；9—螺母；10—右压套；11—弹簧销

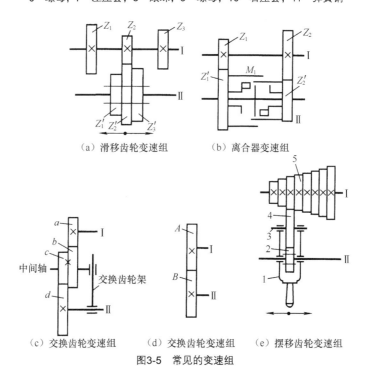

（a）滑移齿轮变速组　　　　（b）离合器变速组

（c）交换齿轮变速组　　（d）交换齿轮变速组　　（e）摆移齿轮变速组

图3-5　常见的变速组

③ 交换齿轮变速组。图 3-5（c）、（d）所示为最常见的交换齿轮机构，所谓交换齿轮是指根据传动需要可拆装的活动齿轮。图 3-5（d）所示为一对交换齿轮变速组，只要在固定中心距的轴Ⅰ与轴Ⅱ上装上传动比不同（即不同的 A、B），但"齿数和"相同的齿轮到 A 和 B，则可由轴Ⅰ的一种转速，使轴Ⅱ得到不同的转速。图 3-5（c）所示为两对交换齿轮，其工作原理与一对交换齿轮变速组相似，不同的是两对交换齿轮的变速组需要有一可以绕轴Ⅱ摆动的交换齿轮架，中间轴在交换齿轮架上可作径向调整移动，并用螺栓紧固在一定的径向位置上，以适合不同的齿轮 a、b、c、d 啮合的需要。交换齿轮变速组机构简单、紧凑，但变速时较费时。

④ 摆移齿轮变速组。如图 3-5（e）所示，在轴Ⅰ上装有 8 个齿数按一定规律排列的固定齿轮，通常称为塔齿轮，轴Ⅱ上装有一个滑移齿轮 2，它通过一个可以轴向移动又能摆动的架子推动齿轮作左、右滑移，摆移架 1 的中间轴 3 上装有一中间空套齿轮，因此，当摆移架 1 摆动加移动依次地使中间轮 4 与塔齿轮中的一个齿轮相啮合时，如轴Ⅰ只有一种转速，则轴Ⅱ就会得到 8 种转速。该变速机构变速方便，结构紧凑，但因有摆移架故刚性较差。

（3）变向机构。其作用是改变机床执行件的运动方向。下面介绍两种常见的变向机构。

① 滑移齿轮变向机构。如图 3-6（a）所示，轴Ⅰ上装有一双联固定齿轮（$Z_1 = Z_1'$），轴Ⅱ上装有一个滑移齿轮 Z_2，中间轴上装有一空套齿轮 Z_0。当 Z_2 滑至图示位置，轴Ⅰ的运动经 Z_1 传给 Z_2，使轴Ⅱ的转向与轴Ⅰ相同；当滑移齿轮 Z_2 向左滑移至与 Z_1' 啮合位置，则轴Ⅰ的运动经 Z_2 直接传给轴Ⅱ，使轴Ⅱ的转动方向与轴Ⅰ相反，这种变向机构刚性较好。可实现机床的正反转。

② 锥齿轮与离合器组成的变向机构。如图 3-6（b）所示，主动轴Ⅰ上装有固定锥齿轮 Z_1；Z_1 同时与 Z_2、Z_3 啮合，使空套的 Z_2、Z_3 具有不同的转向。离合器 M 依次与 Z_2、Z_3 的端面齿相啮合，则轴Ⅱ将获得两个不同的运动方向，这种变向机构刚性较圆柱齿轮变向机构差些。

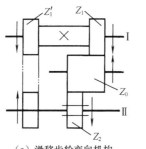
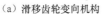
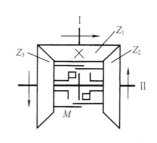

（a）滑移齿轮变向机构　　（b）锥齿轮与离合器组成的变向机构

图3-6　常见的变向机构

3. 机床的传动链

为了在机床上得到所需要的运动，必须通过一系列的传动件把运动源和执行件，或把执行件与执行件联系起来，以构成传动联系。构成一个传动联系的一系列传动件，称之传动链。根据传动链的性质，传动链可分为两类。

（1）外联系传动链。联系运动源与执行件的传动链，称为外联系传动链。它的作用是使执行件得到预定速度的运动，并传递一定的动力。此外，还起执行件变速、换向等作用。外联系传动链传动比的变化，只影响生产率或表面粗糙度，不影响加工表面的形状。因此，外联系传动链不要求两末端件之间有严格的传动关系。如卧式车床中，从主电动机到主轴之间的传动链，就是典型的外联系传动链。

（2）内联系传动链。联系两个执行件，以形成复合成形运动的传动链，称为内联系传动链。它的作用是保证两个末端件之间的相对速度或相对位移保持严格的比例关系，以保证被加工表面的性质。如在卧式车床上车螺纹时，连接主轴和刀具之间的传动链，就属于内联系传动链。此时，必须保证主轴（工件）每转一转，车刀移动工件螺纹一个导程，才能得到要求的螺纹导程。又如，滚齿机的范成运动传动链也属于内联系传动链。

4. 机床传动原理

传动装置把运动源的运动和动力传给执行件，并完成运动形式、方向、运动量的转换等工作，从而在运动源和执行件间建立起运动联系，使执行件获得所需运动，如图3-7所示。

如图3-7（a）所示，它是为主轴提供运动和动力的。即从电动机—1—2—u_v—3—4—主轴，这条传动链亦称主运动传动链，其中1—2和3—4段为传动比固定不变的定比传动结构，2—3段是传动比可变的换置机构u_v，调整u_v值可改变主轴的转速。在这条传动链中，执行件并不要求具有非常准确的运动量值，亦即不要求传动链两末端件具有严格的传动比，这类传动链称为外联系传动链。从电动机至主轴之间的传动属于外联系传动链。这种传动链的首端件往往是电动机，执行件的运动是简单运动。为了完成螺纹加工，必须使刀具和工件间的相对运动形成螺旋线复合运动，这时传动链为主轴—4—5—u_x—6—7—丝杠—刀具，其中4—5和6—7段为定比传动机构，5—6段是换置机构u_x，调整u_x值可得到不同的螺纹导程。要得到所需的螺旋线，必须在工件与刀具这两个执行件之间建立严格的传动比联系，即工件转一转，刀具走被加工工件螺旋线的一个导程，这种传动链称为内联系传动链。在这两条传动链中，动力都是由电动机提供的。传动链中传动装置的要求不同，在外联系传动链中可以采用带传动、摩擦传动等传动比不很准确的传动装置，而在内联系传动链中的传动装置必须具有准确的传动

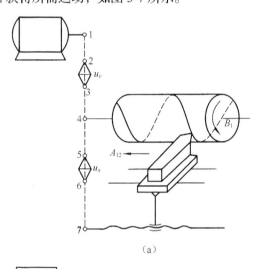

(a)

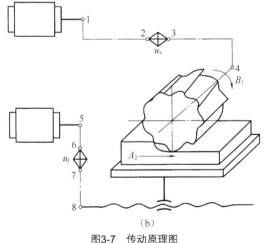

(b)

图3-7　传动原理图

比。图3-7（b）中电动机通过1—2—u_v—3—4带动铣刀回转，进给电动机通过5—6—u_f—7—8带动工件直线进给运动，是两个简单运动。

在图3-7中，为了表示某一运动的传动联系，将每条传动链中的具体传动机构用简单的规定符

号表示出来，这种图称为传动原理图。

传动原理图表示了机床传动的最基本特征。因此，用它来分析、研究机床运动时，最容易找出两种不同类型机床的最根本区别，对于同一类型机床来说，不管它们具体结构有何明显的差异，它们的传动原理图却是完全相同的。

知识拓展

机床运动

机床在加工过程中除完成成形运动外，还需完成其他一系列运动。以卧式车床上车削圆柱面为例，如图 3-8 所示，除工件旋转和车刀直线移动这两个成形运动外，还需完成安装工件、开车、车刀快速趋近工件并切入一定深度以保证所需直径尺寸 d、车刀切削到所需长度尺寸 l 时径向退离工件并纵向退回到起始位置等运动。这些与表面成形过程没有直接关系的运动，统称为辅助运动。辅助运动的作用是实现机床加工过程中所必需的各种辅助动作，为表面成形创造条件，它的种类很多，一般包括以下几种。

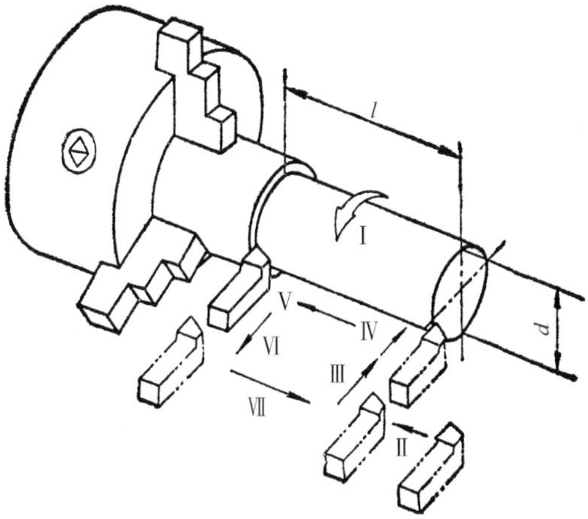

图3-8 车削圆柱面过程中的运动
I—V成形运动；II、III—快速趋近运动；
IV—切入运动；VI、VII—快速退回运动

1. 切入运动

刀具相对工件切入一定深度，以保证工件达到要求的尺寸。

2. 分度运动

多工位工作台、刀架等的周期转位或移位，以便依次加工工件上的各个表面，或依次使用不同刀具对工件进行顺序加工。

3. 调位运动

加工开始前机床有关部件的移位，以调整刀具和工件之间的正确相对位置。

4. 其他各种空行程运动

如切削前后刀具或工件的快速趋近和退回运动，开车、停车、变速、变向等控制运动，装卸、夹紧、松开工件的运动等。

辅助运动虽然并不参与表面成形过程，但对机床整个加工过程却是不可缺少的，同时对机床的生产率和加工精度往往也有重大影响。

思考与练习

（1）离合器的作用是什么？

（2）何谓外联系传动链？何谓内联系传动链？对这两种传动链有何不同要求？试举例说明。

 机床传动系统图和运动计算

　　任务 3 的具体内容是，能看懂机床传动系统图，掌握机床传动的计算。通过这一具体任务的实施，能够正确分析机床传动链并进行相关的计算。

知识点与技能点

　　1. 会分析机床运动传动链。
　　2. 能写出传动路线表达式，并进行相关计算。

工作情景分析

　　为了便于了解和分析机床运动的传递、联系情况，常采用传动系统图进行分析。它是表示实现机床全部运动的传动示意图，图中将每条传动链中的具体传动机构用简单的规定符号表示出来。传动链中的传动机构，按照运动传递或联系顺序依次排列，以展开图形式画在能反映主要部件相互位置的机床外形轮廓中。

相关知识

一、机床传动系统图

　　机床的传动系统图是表示机床全部运动传动关系的示意图。它比传动原理图更准确、更清楚、更全面地反映了机床的传动关系。在图中用简单的规定符号代表各种传动元件。

　　机床的传动系统图画在一个能反映机床外形和各主要部件相互位置的投影面上，并尽可能绘制在机床外形的轮廓线内。图中的各传动元件是按照运动传递的先后顺序，以展开图的形式画出来的。该图只表示传动关系，并不代表各传动元件的实际尺寸和空间位置。在图中通常注明齿轮及蜗轮的齿数、带轮直径、丝杠的导程和头数、电动机功率和转数、传动轴的编号等。传动轴的编号，通常从运动源（电动机）开始，按运动传递顺序，依次用罗马数字 Ⅰ、Ⅱ、Ⅲ、Ⅳ……表示。图 3-9 所示为一台中型卧式车床主传动系统图。

二、传动路线表达式

　　为便于说明及了解机床的传动路线，通常把传动系统图数字化，用传动路线表达式（传动结构式）来表达机床的传动路线。

　　图 3-9 所示的车床主传动路线表达式为：

$$电动机（1\,440r/min）-\frac{\phi126}{\phi256}-\text{I}-\begin{bmatrix}\dfrac{36}{36}\\[2pt]\dfrac{24}{48}\\[2pt]\dfrac{30}{42}\end{bmatrix}-\text{II}-\begin{bmatrix}\dfrac{42}{42}\\[2pt]\dfrac{22}{62}\end{bmatrix}-\text{III}-\begin{bmatrix}\dfrac{60}{30}\\[2pt]\dfrac{18}{72}\end{bmatrix}-\text{IV}$$

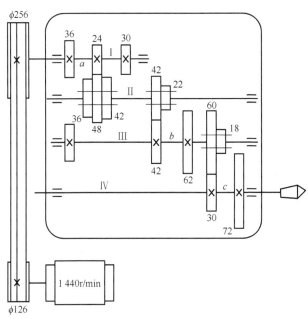

图3-9　12级变速车床主传动系统图

三、主轴转数级数计算

图3-9中，电动机是单一转速，经过V带轮定比传动，轴I的3个齿轮带动轴II的3个齿轮传动，使轴II得到三级转速。同理，轴II上的2个齿轮带动轴III的2个齿轮传动，轴II的每一种转速都可以传递给轴III，则轴III得到六级转速。轴III的每一种转速又可以两种方式传给轴IV，轴IV将获得12种转速。通过变速组的变速方式与主轴变速级数的关系，可以得出结论，主轴的变速级数 Z 等于各变速组变速方式 P 的乘积。

$$Z=P_{\text{I}-\text{II}}\times P_{\text{II}-\text{III}}\times P_{\text{III}-\text{IV}}$$

根据前述主传动路线表达式，可知，主轴正转时，利用各滑移齿轮组齿轮轴向位置的各种不同组合，主轴可得 3×2×2=12 级正转转速。同理，当电机反转时主轴可得 12 级反转转速。

四、运动计算

机床运动计算通常有下面两种情况。

（1）根据传动路线表达式提供的有关数据，确定某些执行件的运动速度或位移量。

（2）根据执行件所需的运动速度、位移量，或有关执行件之间需要保持的运动关系，确定相应传动链中换置机构的传动比，以便进行调整。

例 3-1　根据图 3-9 所示主传动系统，计算主轴转速。

主轴各级转速数值可应用下列运动平衡式进行计算。

$$n_{主}=n_{电} \times \frac{D}{D'}（1-\varepsilon） \times \frac{Z_{I-II}}{Z'_{I-II}} \times \frac{Z_{II-III}}{Z'_{II-III}} \times \frac{Z_{III-IV}}{Z'_{III-IV}}$$

式中，　$n_{主}$——主轴转速，r/min；

　　　　$N_{电}$——电动机转速，r/min；

　　D、D'——分别为主动、被动皮带轮直径，mm；

　　　　ε——三角带传动的滑动系数，可近似地取 $\varepsilon=0.02$；

Z_{I-II}、Z_{II-III}、Z_{III-IV}、Z'_{I-II}、Z'_{II-III}、Z'_{III-IV}——I—II、II—III、III—IV轴之间主动和被动齿轮齿数。

主轴各级转速均可由上述运动平衡式计算出来，如计算所得主轴最高转速和最低转速分别为：

$$n_{主max}=1\,440 \times \frac{126}{256} \times (1-0.02) \times \frac{36}{36} \times \frac{42}{42} \times \frac{60}{30}=1\,389 \text{r}/\min$$

$$n_{主min}=1\,440 \times \frac{126}{256} \times (1-0.02) \times \frac{24}{48} \times \frac{22}{62} \times \frac{18}{72}=31 \text{r}/\min$$

例 3-2　图 3-10 所示为 X62W 型万能铣床主运动传动系统。

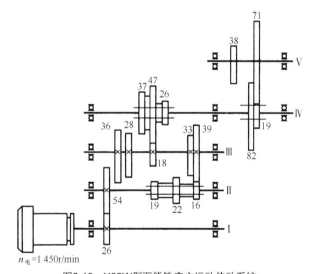

图3-10　X62W型万能铣床主运动传动系统

主运动传动装置的功能是使主轴实现变速、变向和主轴在停止转动时的制动。该铣床的主电动机转速为 1 450r/min，共有 18 级转速，转速范围为 30～1 500r/min。

主运动的传动路线为：

$$电动机（1\,450\text{r/min}）— I -\frac{26}{54}- II -\begin{bmatrix}\dfrac{22}{33}\\[4pt]\dfrac{19}{36}\\[4pt]\dfrac{16}{39}\end{bmatrix}- III -\begin{bmatrix}\dfrac{39}{26}\\[4pt]\dfrac{28}{37}\\[4pt]\dfrac{18}{47}\end{bmatrix}- IV -\begin{bmatrix}\dfrac{82}{38}\\[4pt]\dfrac{19}{71}\end{bmatrix}- V$$

主轴最高转速为：

$$n_{\text{主max}} = 1\,450 \times \frac{26}{54} \times \frac{22}{33} \times \frac{39}{26} \times \frac{82}{38} = 1\,507\text{r}/\min$$

例 3-3 根据图 3-11 所示的车削螺纹进给传动链，确定挂轮变速机构的换置公式。

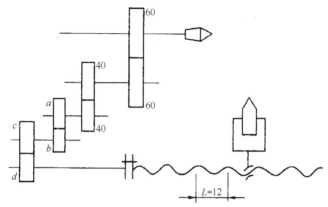

图3-11 车削螺纹进给传动链

由图示得到的运动平衡式为：

$$1 \times \frac{60}{60} \times \frac{40}{40} \times \frac{a}{b} \times \frac{c}{d} \times 12 = L_{\text{工}} \tag{3-1}$$

$$\mu_{\text{挂}} = \frac{a}{b} \times \frac{c}{d} = \frac{L_{\text{工}}}{12} \tag{3-2}$$

式中，$L_{\text{工}}$——被加工螺母的导程，mm。

将上式化简后，得到挂轮的换置公式

应用此换置公式，适当的选择挂轮 a、b、c、d 的齿数，就可车削出导程为 $L_{\text{工}}$ 的螺纹。

知识拓展

机床精度

各种机械零件为了完成其在一台机器上的特定作用，不仅需要具有一定的几何形状，而且还必须达到一定的精度要求，即尺寸精度、形状精度、位置精度和表面质量。这些精度的获得，虽然取决于一系列因素，如机床、夹具、刀具、工艺方案、工人操作技能等，但在正常加工条件下，机床本身的精度通常是主要因素。

机床精度包括几何精度、传动精度和定位精度。

几何精度是指机床的某些基础零件工作面的几何形状精度、决定了机床加工精度的运动部件的运动精度以及决定机床加工精度的零、部件之间及其运动轨迹之间的相对位置精度。例如，卧式车床中主轴的旋转精度、床身导轨的直线度、刀架移动方向与主轴轴线的平行度等。直线精度保证了被加工零件加工表面的形状精度和位置精度。

传动精度是指机床内联系传动链两端件之间运动关系的准确性。它决定着复合运动轨迹的精度，从而直接影响被加工表面的形状精度。例如，卧式车床车削螺纹，应保证主轴每转一转时，刀架必须均匀准确地移动一个被加工螺纹的导程。

定位精度是指机床运动部件（如工作台、刀架和主轴箱等）从某一起始位置运动到预期的另一位置时所到达的实际位置的准确程度。

机床的几何精度、传动精度和定位精度，通常是在空载、静止或低速状态下测得的。所以，一般称为静态精度。静态精度只能在一定程度上反映机床的加工精度。机床在工作时，即在载荷、温升、振动等作用下，测得的精度称为机床的动态精度。动态精度除了与静态精度有密切关系外，还在很大程度上取决于机床的刚度、抗振性和热稳定性。

思考与练习

（1）根据图 3-12 所示传动系统图，要求：

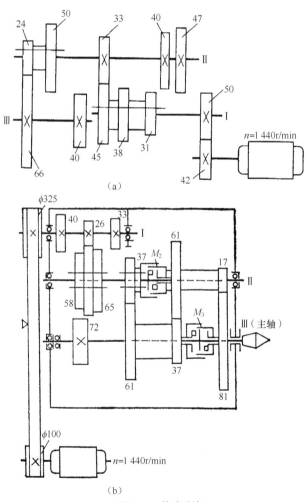

图3-12　传动系统图

① 列出传动路线表达式。

② 分析图中Ⅲ轴的转速级数。

③ 计算图 3-12 中Ⅲ轴的最高转速和最低转速。

（2）按图 3-13 写出传动路线表达式，并分析主轴的转速级数。

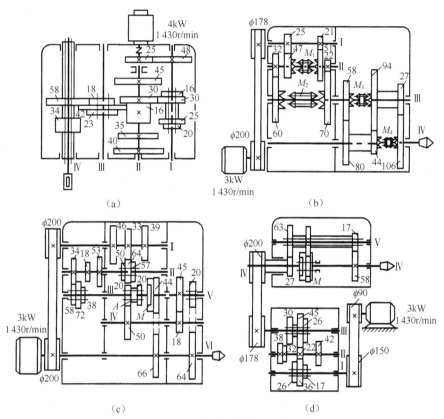

图3-13 几种机床部分传动系统

项目四

| 车床 |

卧式车床结构及CA6140型卧式车床传动系统

任务1的具体内容是，了解卧式车床的结构，掌握卧式车床的传动系统。通过这一具体任务的实施，能够掌握卧式车床主运动传动链、进给运动传动链的相关知识。

▌知识点与技能点

（1）卧式车床的结构。

（2）主运动传动链。

（3）螺纹进给运动传动链。

（4）机动进给运动传动链。

▌工作情景分析

车床种类繁多，按其用途和结构的不同，主要分为卧式车床及落地车床、立式车床、转塔车床、仪表车床、单轴自动和半自动车床、多轴自动和半自动车床、仿形车床及多刀车床和专门化车床。

车床主要用于加工零件的各种回转表面，如内外圆柱表面、内外圆锥表面、成形回转表面和回转体的端面等，有些车床还能车削螺纹表面。大多数机器零件都具有回转表面，并且大部分需要用车床来加工，因此，车床是一般机器制造厂中应用最广泛的一类机床，约占机床总数的35%~50%。

相关知识

一、卧式车床结构

（一）卧式车床外形

卧式车床的外形如图 4-1 所示，主要由以下部分构成。

1. 主轴箱

主轴箱又称床头箱，内装主轴和变速机构。变速是通过改变设在床头箱外面的手柄位置，使主轴获得 12 种不同的转速。主轴是空心结构，能通过长棒料。主轴的右端有外螺纹，用以连接卡盘、拨盘等附件。主轴右端的内表面是莫氏 5 号的锥孔，可插入锥套和顶尖。床头箱的另一重要作用是将运动传给进给箱，并可改变进给方向。

2. 进给箱

进给箱又称走刀箱，它是进给运动的变速机构。它固定在床头箱下部的床身前侧面。变换进给箱外面的手柄位置，可将床头箱内主轴传递下来的运动，转为进给箱输出的光杆或丝杆从而获得不同的转速，以改变进给量的大小或车削不同螺距的螺纹。

3. 变速箱

变速箱安装在车床前床脚的内腔中，并由电动机（4.5kW，1 440r/min）通过联轴器直接驱动变速箱中齿轮传动轴。变速箱外设有两个长的手柄，是分别移动传动轴上的双联滑移齿轮和三联滑移齿轮，可共获 6 种转速，通过皮带传动至床头箱。

4. 溜板箱

溜板箱又称拖板箱，溜板箱是进给运动的操纵机构。它使光杠或丝杠的旋转运动，通过齿轮和齿条或丝杠和开合螺母，推动车刀作进给运动。溜板箱上有 3 层滑板，当接通光杠时，可使床鞍带动大滑板、中滑板、小滑板及刀架沿床身导轨作纵向移动；中滑板可带动小滑板及刀架沿床鞍上的导轨作横向移动。故刀架可作纵向或横向直线进给运动。当接通丝杠并闭合开合螺母时可车削螺纹。溜板箱内设有互锁机构，使光杠、丝杠两者不能同时使用。

5. 刀架

刀架是用来装夹车刀，并可作纵向、横向及斜向运动。刀架是多层结构，它由下列部分组成。

（1）床鞍。它与溜板箱牢固相连，可沿床身导轨作纵向移动。

（2）中滑板。它装置在床鞍顶面的横向导轨上，可作横向移动。

（3）转盘。它固定在中滑板上，松开紧固螺母后，可转动转盘，使其与床身导轨成一个所需要的角度，而后再拧紧螺母，以加工圆锥面等。

（4）小滑板。它装在转盘上面的燕尾槽内，可作短距离的进给移动。

（5）方刀架。它固定在小滑板上，可同时装夹四把车刀。松开锁紧手柄，即可转动方刀架，把所需要的车刀更换到工作位置上。

6. 尾座

尾座用于安装后顶尖，以支持较长工件进行加工，或安装钻头、铰刀等刀具进行孔加工。偏移尾架可以车出长工件的锥体。尾架的结构由下列部分组成。

（1）套筒。其左端有锥孔，用以安装顶尖或锥柄刀具。套筒在尾架体内的轴向位置可用手轮调节，并可用锁紧手柄固定。将套筒退至极右位置时，即可卸出顶尖或刀具。

（2）尾座体。它与底座相连，当松开固定螺钉，拧动调节螺杆可使尾座体在底板上作微量横向移动，以便使前后顶尖对准中心或偏移一定距离车削长锥面。

（3）底座。它直接安装于床身导轨上，用以支承尾座体。

7. 光杠与丝杠

光杆与丝杆将进给箱的运动传至溜板箱。光杆用于一般车削，丝杠用于车螺纹。

8. 床身

床身是车床的基础件，用来连接各主要部件并保证各部件在运动时有正确的相对位置。在床身上有供溜板箱和尾座移动用的导轨。

9. 操纵杆

操纵杆是车床的控制机构，在操纵杆左端和拖板箱右侧各装有一个手柄，操作工人可以很方便地操纵手柄以控制车床主轴正转、反转或停车。

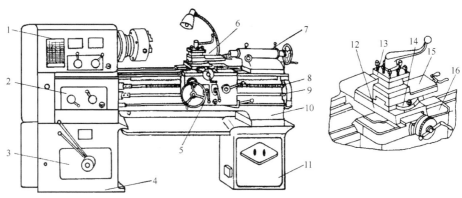

图4-1 卧式车床外形

1—主轴箱；2—进给箱；3—变速箱；4—前床脚；5—溜板箱；6—刀架；7—尾座；8—丝杠；9—光杠；10—床身；11—后床脚；12—中刀架；13—方刀架；14—转盘；15—小刀架；16—大刀架

（二）卧式车床的典型表面加工

在卧式车床上可以加工各种回转体内外表面，如图4-2所示。

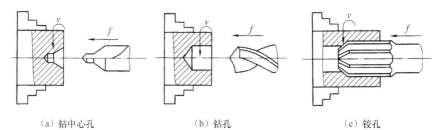

（a）钻中心孔　　　　（b）钻孔　　　　（c）铰孔

图4-2 卧式车床加工的典型表面

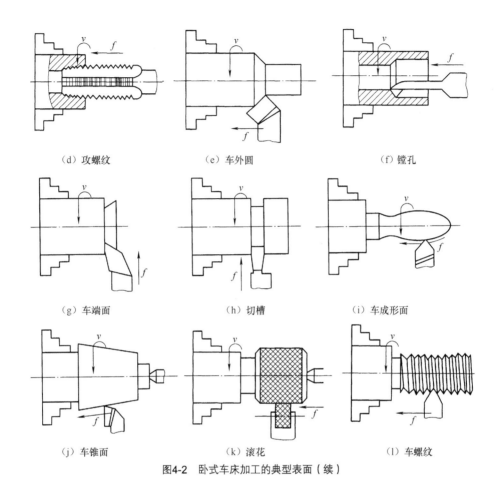

（d）攻螺纹　　　　　　（e）车外圆　　　　　　（f）镗孔

（g）车端面　　　　　　（h）切槽　　　　　　（i）车成形面

（j）车锥面　　　　　　（k）滚花　　　　　　（l）车螺纹

图4-2　卧式车床加工的典型表面（续）

二、CA6140 型卧式车床

CA6140 型卧式车床是卧式车床的典型代表，经过长期的实际生产检验和不断的完善，它在普通卧式车床中具有重要的地位。这种车床的通用性强，可以加工轴类、盘套类零件，车削米制、英制、模数、径节 4 种标准螺纹和精密、非标准螺纹；可完成钻、扩、铰孔加工。这种机床的加工范围广，适应性强，但结构比较复杂，适用于单件小批量生产或机修、工具车间使用。

（一）CA6140 型卧式车床的主要技术性能

床身上最大工件回转直径　　　　　　　　　　　　　　　400mm

最大工件长度　　　　　　　750mm；1 000mm；1 500mm；2 000mm

刀架上最大工件回转直径　　　　　　　　　　　　　　　210mm

主轴转速：

正转　　　　　　　　　　　　　　　24 级　　10～1 400r/min

反转　　　　　　　　　　　　　　　12 级　　14～1 580r/min

进给量:

纵向	64 级	0.028～6.33mm/r
横向	64 级	0.014～3.16mm/r

车削螺纹范围:

米制螺纹	44 种	P=1～192mm
英制螺纹	20 种	α=2～24 牙/英寸
模数螺纹	39 种	m=0.25～48mm
径节螺纹	37 种	D_P=1～96 牙/英寸

主电机功率	7.5kW
主参数:	最大加工工件直径
纵向进给	与主轴方向平行
横向进给	与主轴方向垂直
加工精度	一般车床 IT8～IT10
表面粗糙度	Ra 可达 1.6μm

（二）CA6140 型卧式车床的传动系统

实现机床加工过程中全部成形运动和辅助运动的各传动链，组成一台机床的传动系统。表示实现机床全部运动的传动示意图叫传动系统图。

分析传动系统图的一般方法是:

（1）首先找出运动链所联系的两个末端件，然后按运动传动（或联系）顺序，依次分析各传动轴之间的传动结构和运动的传递关系。

（2）分析传动结构时，特别注意齿轮、离合器等传动件与传动轴之间的连接关系（如固定、空套或滑移）。

图 4-3 所示为 CA6140 型卧式车床的传动系统图。图中左上方的方框内表示机床的主轴箱，框中是从主电动机到车床主轴的主运动传动链。传动链中的滑移齿轮变速机构，可使主轴得到不同的转速；片式摩擦离合器换向机构，可使主轴得到正、反向转速。左下方框表示进给箱，右下方框表示溜板箱。从主轴箱中下半部分传动件，到左外侧的挂轮机构、进给箱中的传动件、丝杠或光杠以及溜板箱中的传动件，构成了从主轴到刀架的进给传动链。进给换向机构位于主轴箱下部，用于切削左旋或右旋螺纹，挂轮或进给箱中的变换机构，用来决定将运动传给丝杠还是光杠。若传给丝杠，则经过丝杠和溜板箱中的开合螺母，把运动传给刀架，实现切削螺纹传动链；若传给光杠，则通过光杠和溜板箱中的转换机构传给刀架，形成机动进给传动链。溜板箱中的转换机构用来确定是纵向进给或是横向进给。

主运动传动链:两个末端分别是主电动机和主轴，它的功用是把动力源（电动机）的运动及动力传给主轴，使主轴带动工件旋转实现主运动，并满足卧式车床主轴变速和换向的要求。

进给运动传动链:两个末端分别是主轴和刀架，其功用是使刀架实现纵向或横向移动及变速与换向。

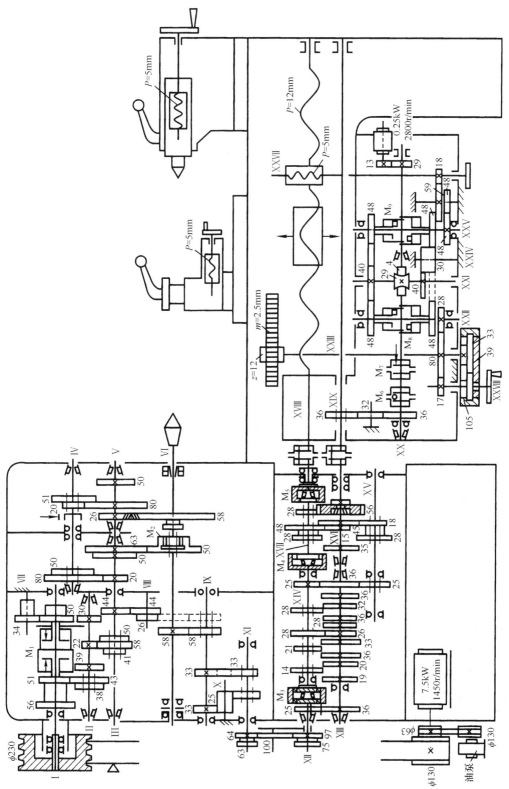

图4-3　CA6140型车床传动系统图

1. 主运动传动链

（1）主运动传动路线。主运动的动力源是电动机，执行件是主轴。运动由电动机经 V 带轮传动副$\phi130/\phi230$ 传至主轴箱中的轴 I。轴 I 上装有双向多片摩擦离合器 M_1，离合器左半部接合时，主轴正转；右半部接合时，主轴反转；左右都不接合时，轴 I 空转，主轴停止转动。轴 I 运动经 $M_1 \rightarrow$ 轴 II $\rightarrow$ 轴 III，然后分成两条路线传给主轴：当主轴 VI 上的滑移齿轮（$Z=50$）移至左边位置时，运动从轴 III 经齿轮副 63/50 直接传给主轴 VI，使主轴得到高转速；当主轴 VI 上的滑移齿轮（$Z=50$）向右移，使齿轮式离合器 M_2 接合时，则运动经轴 III $\rightarrow$ IV $\rightarrow$ V 传给主轴 VI，使主轴获得中、低转速。

主运动传动路线表达如下：

$$\text{电动机} - \frac{\phi130}{\phi230} - \text{I} \left\{ \begin{array}{l} M_1\text{左（正转）} - \left\{ \begin{array}{l} \frac{56}{38} \\ \frac{51}{43} \end{array} \right\} - \\ M_1\text{右（反转）} - \frac{50}{34} - \text{VII} - \frac{34}{30} \end{array} \right\} - \text{II} - \left\{ \begin{array}{l} \frac{39}{41} \\ \frac{30}{50} \\ \frac{22}{58} \end{array} \right\} - \text{III} -$$

$$\left\{ \begin{array}{l} \left\{ \begin{array}{l} \frac{20}{80} \\ \frac{50}{50} \end{array} \right\} - \text{IV} - \left\{ \begin{array}{l} \frac{20}{80} \\ \frac{51}{50} \end{array} \right\} - \text{V} - \frac{26}{58}\,?\,M_2 \\[6mm] - \frac{63}{50} - \end{array} \right\} - \text{VI（主轴）}$$

（2）主轴转速级数与转速。由传动系统图和传动路线表达式可以看出，主轴正转时，轴 II 上的双联滑移齿轮可有两种啮合位置，分别经 56/38 或 51/43 使轴 II 获得两种速度。其中的每种转速经轴 III 的三联滑移齿轮 39/41 或 30/50 或 22/58 的齿轮啮合，使轴 III 获得 3 种转速，因此轴 II 的两种转速可使轴 III 获得 2×3 = 6 种转速。经高速分支传动路线时，由齿轮副 63/50 使主轴 VI 获得 6 种高转运。经低速分支传动路线时，轴 III 的 6 种转速经轴 IV 上的两对双联滑移齿轮，使主轴得到 6×2×2 = 24 种低转速。因为轴 III 到轴 V 间的两个双联滑移齿轮变速组得到的四种传动比中，有两种重复，即

$$\mu_1 = \frac{50}{50} \times \frac{51}{50} \approx 1 \quad \mu_2 = \frac{50}{50} \times \frac{20}{80} = \frac{1}{4} \quad \mu_3 = \frac{20}{80} \times \frac{51}{50} \approx \frac{1}{4} \quad \mu_4 = \frac{20}{80} \times \frac{20}{80} = \frac{1}{16}$$

其中，μ_2、μ_3 基本相等，因此经低速传动路线时，主轴 VI 获得的实际转速只有 6×（4－1）=18 级转速，经高速传动路线主轴 VI 获得 2×3×1 = 6 级转速，主轴总共可获得 18+6=24 级转速。

同理，主轴反转时，只能获得 3+ 3×（2×2－1）= 12 级转速。

主轴的转速可按下列运动平衡式计算：

$$n_{主} = n_{电} \times \frac{130}{230} \times (1-\varepsilon)\mu_{\text{I-II}} \times \mu_{\text{II-III}} \times \mu_{\text{III-IV}}$$

式中，ε——V 带轮的滑动系数，可取 $\varepsilon=0.02$；

$\mu_{\text{I-II}}$——轴 I 和轴 II 间的可变传动比，其余类推。

例如，图4-3所示的齿轮啮合情况（离合器 M_2 拨向左侧），主轴的转速为

$$n_{主} = 1\,450 \times \frac{130}{230} \times (1 - 0.02) \times \frac{51}{43} \times \frac{22}{58} \times \frac{63}{50} \approx 450\text{r}/\text{min}$$

根据运动平衡方程式计算各级转速时，中间各级转速不易判断出所经过的各传动副。若利用转速图这种分析机床传动系统的有效工具则可清楚地看出各级转速的传动路线。CA6140 型卧式车床主运动传动链转速图如图 4-4 所示。

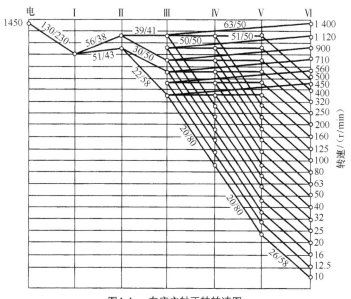

图4-4 车床主轴正转转速图

主轴反转时，轴Ⅰ—Ⅱ间传动比的值大于正转时传动比的值，所以反转转速大于正转转速。主轴反转一般不用于切削，而是用于车削螺纹时，切削完一刀后，使车刀沿螺旋线退回，以免下一次切削时"乱扣"。转速高，可节省辅助时间。

2. 进给运动传动链

进给运动传动链包括车螺纹进给运动传动链和机动进给运动传动链。

CA6140 型普通车床可以车削米制、英制、模数和径节 4 种螺纹。车削螺纹时，主轴与刀架之间必须保持严格的传动比关系，即主轴每转一转，刀架应均匀地移动一个导程 P。由此可列出车削螺纹传动链的运动平衡方程式为

$$1_{主轴} \times u \times L_{丝} = P \tag{4-1}$$

式中，$1_{主轴}$——主轴每转一圈；

$\quad u$ ——从主轴到丝杠之间全部传动副的总传动比；

$\quad L_{丝}$——机床丝杠的导程，CA6140 型车床 $L_{丝} = 12\text{mm}$；

$\quad P$——被加工工件的导程，mm。

（1）车削米制螺纹。

① 车削米制螺纹的传动路线。车削米制螺纹时，运动由主轴Ⅵ经齿轮副58/58 至轴Ⅸ，再经三

星轮换向机构 33/33（车左螺纹时经 33/25×25/33）传动轴Ⅺ，再经挂轮 63/100×100/75 传到进给箱中轴Ⅻ，进给箱中的离合器 M_3 和 M_4 脱开，M_5 接合，再经移换机构的齿轮副 25/36 传到轴ⅩⅢ，由轴ⅩⅢ和ⅩⅣ间的基本变速组 u_j、移换机构的齿轮副 25/36×36/25 将运动传到轴ⅩⅤ，再经增倍变速组 u_b 传至轴ⅩⅦ，最后经齿式离合器 M_5，传动丝杠ⅩⅧ，经溜板箱带动刀架纵向运动，完成米制螺纹的加工。其传动路线表达如下：

$$主轴-\frac{58}{58}-\begin{Bmatrix}\frac{33}{33}（右螺纹）\\[2mm]\frac{33}{25}\times\frac{25}{33}（左螺纹）\end{Bmatrix}-\frac{63}{100}\times\frac{100}{75}-\frac{25}{36}-u_j-\frac{25}{36}\times\frac{36}{25}-u_b-M_5（啮合）-丝杠$$

进给箱中的基本变速组 u_j 为双轴滑移齿轮变速机构，由轴ⅩⅢ上的 8 个固定齿轮和和轴ⅩⅣ上的 4 个滑移齿轮组成，每个滑移齿轮可分别与邻近的两个固定齿轮相啮合，共有 8 种不同的传动比：

$$u_{j_1}=\frac{19}{14}=\frac{9.5}{7}\qquad u_{j_2}=\frac{20}{14}=\frac{10}{7}\qquad u_{j_3}=\frac{36}{21}=\frac{12}{7}\qquad u_{j_4}=\frac{33}{21}=\frac{11}{7}$$

$$u_{j_5}=\frac{26}{28}=\frac{6.5}{7}\qquad u_{j_6}=\frac{28}{28}=\frac{7}{7}\qquad u_{j_7}=\frac{36}{28}=\frac{9}{7}\qquad u_{j_8}=\frac{32}{28}=\frac{8}{7}$$

不难看出，除了 u_{j_1} 和 u_{j_5} 外，其余的 6 个传动比组成一个等差数列。改变 u_j 的值，就可以车削出按等差数列排列的导程组。

进给箱中的增倍变速组 u_b 由轴ⅩⅤ—轴ⅩⅦ间的三轴滑移齿轮机构组成，可变换 4 种不同的传动比：

$$u_{b_1}=\frac{18}{45}\times\frac{15}{48}=\frac{1}{8}\qquad\qquad u_{b_2}=\frac{28}{35}\times\frac{15}{48}=\frac{1}{4}$$

$$u_{b_3}=\frac{18}{45}\times\frac{35}{28}=\frac{1}{2}\qquad\qquad u_{b_4}=\frac{28}{35}\times\frac{35}{28}=1$$

它们之间依次相差 2 倍，改变 u_b 的值，可将基本组的传动比成倍地增加或缩小。

② 车削米制螺纹的运动平衡式。由传动系统图和传动路线表达式，可以列出车削米制螺纹的运动平衡式：

$$P=1_{（主轴）}\times\frac{58}{58}\times\frac{33}{33}\times\frac{63}{100}\times\frac{100}{75}\times\frac{25}{36}\times u_j\times\frac{25}{36}\times\frac{36}{25}\times u_b\times 12\text{mm}\qquad（4\text{-}2）$$

式中，u_j、u_b——基本变速组传动比和增倍变速组传动比。

将上式化简可得：

$$P=7u_ju_b$$

把 u_j、u_b 的值代入上式，得到 8×4=32 种导程值，其中符合标准的有 20 种，如表 4-1 所示。可以看出，表中的每一行都是按等差数列排列的，而行与行之间成倍数关系。

表 4-1 　　　　　　　　CA6140 型普通车床米制螺纹导程 　　　　　　（单位：mm）

基本组 u_j / 导程 P / 增倍组 u_b	$\dfrac{26}{28}$	$\dfrac{28}{28}$	$\dfrac{32}{28}$	$\dfrac{36}{28}$	$\dfrac{19}{14}$	$\dfrac{20}{14}$	$\dfrac{33}{21}$	$\dfrac{36}{21}$
$u_{b_1} = \dfrac{18}{45} \times \dfrac{15}{48} = \dfrac{1}{8}$	—	—	1	—	—	1.25	—	1.5
$u_{b_2} = \dfrac{28}{35} \times \dfrac{15}{48} = \dfrac{1}{4}$	—	1.75	2	2.25	—	2.5	—	3
$u_{b_3} = \dfrac{18}{45} \times \dfrac{35}{28} = \dfrac{1}{2}$	—	3.5	4	4.5	—	5	5.5	6
$u_{b_4} = \dfrac{28}{35} \times \dfrac{35}{28} = 1$	—	7	8	9	—	10	11	12

③ 扩大导程传动路线。从表 4-1 可以看出，此传动路线能加工的最大螺纹导程是 12mm。如果需车削导程大于 12mm 的米制螺纹，应扩大导程传动路线。这时，主轴Ⅵ的运动（此时 M_2 接合，主轴处于低速状态）经斜齿轮传动副 58/26 到轴Ⅴ，背轮机构 80/20 与 80/20 或 50/50 至轴Ⅲ，再经 44/44.26/58（轴Ⅸ滑移齿轮 Z_{58} 处于右位与轴Ⅷ Z_{26} 啮合）传到轴Ⅸ，其传动路线表达式为

$$
主轴Ⅵ—\begin{cases} （扩大导程）\dfrac{58}{26}—Ⅴ—\dfrac{80}{20}—Ⅳ—\begin{cases} \dfrac{50}{50} \\[2mm] \dfrac{80}{20} \end{cases}—Ⅲ—\dfrac{44}{44} \times \dfrac{26}{58} \\[6mm] （正常导程）—\dfrac{58}{58}— \end{cases}—Ⅸ—（接正常导程传动路线）
$$

从传动路线表达式可知，扩大螺纹导程时，主轴Ⅵ到轴Ⅸ的传动比为

当主轴转速为 40～125r/min 时，$u_1 = \dfrac{58}{26} \times \dfrac{80}{20} \times \dfrac{50}{50} \times \dfrac{44}{44} \times \dfrac{26}{58} = 4$

当主轴转速为 10～32r/min 时，$u_2 = \dfrac{58}{26} \times \dfrac{80}{20} \times \dfrac{80}{20} \times \dfrac{44}{44} \times \dfrac{26}{58} = 16$

而正常螺纹导程时，主轴Ⅵ到轴Ⅸ的传动比为

$$u = \dfrac{58}{58} = 1$$

所以，通过扩大导程传动路线可将正常螺纹导程扩大 4 倍或 16 倍。CA6140 型车床车削大导程米制螺纹时，最大螺纹导程为 $P_{max} = 12 \times 16 = 192$mm

（2）车削英制螺纹。英制螺纹是英、美等少数英寸制国家所采用的螺纹标准。我国部分管螺纹也采用英制螺纹。英制螺纹以每英寸长度上的螺纹扣数 a（扣/英寸）表示，其标准值也按分段等差数列的规律排列。英制螺纹的导程为

$$P_a = 1/\alpha \text{(in)}$$

由于 CA6140 型车床的丝杠是米制螺纹，被加工的英制螺纹也应换算成以毫米为单位的相应导程值，即

$$P_\alpha = \frac{1}{\alpha}\text{in} = \frac{25.4}{\alpha}\text{mm}$$

车削英制螺纹时，对传动路线作如下变动，首先，改变传动链中部分传动副的传动比，使其包含特殊因子 25.4；其次，将基本组两轴的主、被动关系对调，以便使分母为等差级数。其余部分的传动路线与车削米制螺纹时相同。其运动平衡式为

$$P_\alpha = 1_{(主轴)} \times \frac{58}{58} \times \frac{33}{33} \times \frac{63}{100} \times \frac{100}{75} \times \frac{1}{\mu_{\text{j}}} \times \frac{36}{25} \times \mu_{\text{b}} \times 12$$

$$= \frac{4}{7} \times 25.4 \times \frac{1}{\mu_{\text{j}}} \times \mu_{\text{b}}$$

将 $P_\alpha = 25.4/\alpha$ 代入上式得

$$\alpha = \frac{7}{4} \times \frac{\mu_{\text{j}}}{\mu_{\text{b}}} \qquad 扣/英寸$$

变换 u_{j}、u_{b} 的值，就可得到各种标准的英制螺纹。

（3）车削模数螺纹。模数螺纹主要用在米制蜗杆中，模数螺纹螺距 $P = \pi m$，P 也是分段等差数列。所以模数螺纹的导程为

$$P_{\text{m}} = k\pi m$$

式中，P_{m}——模数螺纹的导程，mm；

　　　　K——螺纹的头数；

　　　　m——螺纹模数。

模数螺纹的标准模数 m 也是分段等差数列。车削时的传动路线与车削米制螺纹的传动路线基本相同。由于模数螺纹的螺距中含有π因子，因此车削模数螺纹时所用的挂轮与车削米制螺纹时不同，需用 $\frac{64}{100} \times \frac{100}{97}$ 来引入常数π，其运动平衡式为

$$P_{\text{m}} = 1_{(主轴)} \times \frac{58}{58} \times \frac{33}{33} \times \frac{64}{100} \times \frac{100}{97} \times \frac{25}{36} \times \mu_{\text{j}} \times \frac{25}{36} \times \frac{36}{25} \times \mu_{\text{b}} \times 12$$

上式中 $\frac{64}{100} \times \frac{100}{97} \times \frac{25}{36} \approx \frac{7\pi}{48}$，其绝对误差为 0.000 04，相对误差为 0.000 09，这种误差很小，一般可以忽略。将运动平衡方程式整理后得

$$m = \frac{7}{4k}\mu_{\text{j}}\mu_{\text{b}}$$

变换 u_{j}、u_{b} 的值，就可得到各种不同模数的螺纹。

（4）车削径节螺纹。径节螺纹主要用于同英制蜗轮相配合，即为英制蜗杆，其标准参数为径节，用 DP 表示，其定义为：对于英制蜗轮，将其总齿数折算到每一英寸分度圆直径上所得的齿数值，

称为径节。根据径节的定义可得蜗轮齿距为

$$蜗轮齿距p = \frac{\pi D}{z} = \frac{\pi}{\dfrac{z}{D}} = \frac{\pi}{DP} \quad \text{in}$$

式中，z——蜗轮的齿数；

D——蜗轮的分度圆直径，英寸。

只有英制蜗杆的轴向齿距 P_{DB} 与蜗轮齿距 π/DP 相等才能正确啮合，而径节制螺纹的导程为英制蜗杆的轴向齿距为

$$P_{DP} = \frac{\pi}{DP} \quad \text{in} = \frac{25.4k\pi}{DP} \quad \text{mm}$$

标准径节的数列也是分段等差数列。径节螺纹的导程排列的规律与英制螺纹相同，只是含有特殊因子 25.4π。车削径节螺纹时，可采用英制螺纹的传动路线，但挂轮需换为 $\dfrac{64}{100} \times \dfrac{100}{97}$，其运动平衡式为

$$P_{DP} = 1_{(主轴)} \times \frac{58}{58} \times \frac{33}{33} \times \frac{64}{100} \times \frac{100}{97} \times \frac{1}{\mu_j} \times \frac{36}{25} \times \mu_b \times 12$$

上式中，$\dfrac{64}{100} \times \dfrac{100}{97} \times \dfrac{36}{25} \approx \dfrac{25.4\pi}{84}$，将运动平衡方程式整理后得

$$DP = 7k\frac{\mu_j}{\mu_b}$$

变换 u_j、u_b 的值，可得常用的 24 种螺纹径节。

（5）车削非标准螺纹和精密螺纹。所谓非标准螺纹是指利用上述传动路线无法得到的螺纹。这时需将进给箱中的齿式离合器 M_3、M_4 和 M_5 全部啮合，被加工螺纹的导程 $L_工$ 依靠调整挂轮的传动比 $\mu_挂$ 来实现。其运动平衡式为

$$L_工 = 1_{主轴} \times \frac{58}{58} \times \frac{33}{33} \times \mu_挂 \times 12 \quad \text{mm}$$

所以，挂轮的换置公式为

$$\mu_挂 = \frac{a}{b} \times \frac{c}{d} = \frac{L_工}{12} \tag{4-3}$$

适当地选择挂轮 a、b、c 及 d 的齿数，就可车出所需的非标准螺纹。同时，由于螺纹传动链不再经过进给箱中任何齿轮传动，减少了传动件制造和装配误差对被加工螺纹导程的影响，若选择高精度的齿轮作挂轮，则可加工精密螺纹。

3. 机动进给运动传动链

机动进给传动链主要用来加工圆柱面和端面，为了减少螺纹传动链丝杠及开合螺母磨损，保证螺纹传动链的精度，机动进给是由光杠经溜板箱传动的。

（1）纵向机动进给传动链。纵向进给一般用于外圆车削，CA6140 型车床纵向机动进给量有 64 种。当运动由主轴经正常导程的米制螺纹传动路线时，可获得正常进给量。这时的运动平衡式为

$$f_{纵} = 1_{主轴} \times \frac{58}{58} \times \frac{33}{33} \times \frac{63}{100} \times \frac{100}{75} \times \frac{25}{36} \times u_j \times \frac{25}{36} \times \frac{36}{25} \times u_b \times \frac{28}{56} \times \frac{36}{32} \times \frac{32}{36}$$

$$\times \frac{4}{29} \times \frac{40}{48} \times \frac{28}{80} \times \pi \times 2.5 \times 12 \quad \text{mm/r}$$

将上式化简可得 $\qquad\qquad f_{纵} = 0.711 u_j u_b$

通过改变变换 u_j、u_b 的值，可得到 32 种正常进给量（范围为 0.08～1.22mm/r），其余 32 种进给量可分别通过英制螺纹传动路线和扩大导程传动路线得到。

（2）横向机动进给传动链。横向进给用于端面车削。由传动系统图分析可知，当横向机动进给与纵向进给的传动路线一致时，所得到的横向进给量是纵向进给量的一半，横向与纵向进给量的种数相同，都为 64 种。

CA6140 型车床纵向机动进给量有 64 级。其中，当进给运动由主轴经正常螺距米制螺纹传动路线时，可获得范围为 0.08～1.22mm/r 共 32 级正常进给量；当进给运动由主轴经正常螺距英制螺纹传动路线时，可获得 0.86～1.59mm/r 8 级较大进给量；若接通扩大螺距机构，选用米制螺纹传动路线，并使 u_b=1/8，可获得 0.028～0.054mm/r 共 8 级用于高速精车的细进给量；而接通扩大螺距机构，采用英制螺纹传动路线，并适当调整增倍机构，可获得范围为 1.71～6.33mm/r 共 16 级供强力切削或宽刃精车之用的加大进给量。

为了减少丝杠的磨损和便于操纵，纵向和横向机动进给是由光杠经溜板箱传动的，其传动路线表达式为

$$主轴 - \begin{bmatrix} 米制螺纹制螺纹传 \\ 英制螺纹制螺纹传 \end{bmatrix} - \frac{28}{56} - 光杠 - \frac{36}{32} \times \frac{32}{36} -$$

$$- M_6（超越离合器） - M_7（安全离合器） - \frac{4}{29} -$$

$$- \begin{bmatrix} \begin{bmatrix} - \frac{40}{48} M_8 \uparrow - \\ - \frac{40}{30} \times \frac{30}{48} M_8 \downarrow - \end{bmatrix} - \frac{28}{80} - 齿轮(Z_{12}) - 齿条 - 刀架（纵向） \\ \\ \begin{bmatrix} - \frac{40}{48} M_9 \uparrow - \\ - \frac{40}{30} \times \frac{30}{48} M_9 \downarrow - \end{bmatrix} - \frac{48}{48} \times \frac{59}{18} - 刀架（横向） \end{bmatrix}$$

分析可知，当主轴箱及进给箱中的传动路线相同时，所得到的横向机动进给量级数与纵向相同，且横向进给量 $f_{横}$=1/2$f_{纵}$。这是因为横向进给经常用于切槽或切断，容易产生振动，切削条件差，故使用较小进给量。

纵向和横向进给传动链的两端件的计算位移为

纵向进给：主轴转一转，刀架纵向移动 $f_纵$（单位：mm）

横向进给：主轴转一转，刀架横向移动 $f_横$（单位：mm）

（3）刀架快速机动移动。为了缩短辅助时间，提高生产效率，CA6140 型卧式车床的刀架可实现快速机动移动。刀架的纵向和横向快速移动由快速移动电动机（P=0.25kw，n=2800r/min）传动，经齿轮副 13/29 使轴 XX 高速转动，再经蜗轮蜗杆副 4/29，溜板箱内的转换机构，使刀架实现纵向或横向的快速移动。

知识拓展

（1）加工各种螺纹时，进给传动链中各机构的工作状态（见表 4-2）。

表 4-2　　　　　　　　加工各种螺纹时，进给传动链中各机构的工作状态

螺纹种类	导程/mm	挂轮机构	离合器状态	移换机构	基本组传动方向
米制螺纹	L	$\dfrac{63}{100} \times \dfrac{100}{75}$	M_5 结合 M_3、M_4 脱开	轴 XII z25（←） 轴 XV z25（→）	轴 XIII → 轴 XIV
模数螺纹	$L_m=k\pi m$	$\dfrac{64}{100} \times \dfrac{100}{97}$			
英制螺纹	$L_a=\dfrac{25.4}{a}$	$\dfrac{63}{100} \times \dfrac{100}{75}$	M_3、M_5 结合 M_4 脱开	轴 XII z25（→） 轴 XV z25（←）	轴 XIV → 轴 XIII
径节制螺纹	$L_{DP}=\dfrac{25.4k\pi}{DP}$	$\dfrac{64}{100} \times \dfrac{100}{97}$			
非标准螺纹	L	$\dfrac{a}{b} \times \dfrac{c}{d}$	M_3、M_4、M_5 均结合	轴 XII z25（→）	—

（2）纵向进给量的大小及相应传动机构的传动比（见表 4-3）。

表 4-3　　　　　　　　纵向进给量的大小及相应传动机构的传动比

传动路线类型	细进给量	正常进给量				较大进给量	加大进给量			
							4	16	4	16
$u_倍$ ＼ $u_基$	1/8	1/8	1/4	1/2	1	1	1/2	1/8	1	1/4
26/28	0.028	0.08	0.16	0.33	0.66	1.59	3.16		6.33	
28/28	0.032	0.09	0.18	0.36	0.71	1.47	2.93		5.87	
32/28	0.036	0.10	0.20	0.41	0.81	1.29	2.57		5.14	
36/28	0.039	0.11	0.23	0.46	0.91	1.15	2.28		4.56	
19/14	0.043	0.12	0.24	0.48	0.96	1.09	2.16		4.32	
20/14	0.046	0.13	0.26	0.51	1.02	1.03	2.05		4.11	
33/21	0.050	0.14	0.28	0.56	1.12	0.94	1.87		3.74	
36/21	0.054	0.15	0.30	0.61	1.22	0.86	1.71		3.42	

思考与练习

（1）试分析 CA6140 卧式车床的传动系统。

① 这台车床的传动系统有几条传动链？指出各传动链的首端件和末端件。

② 分析车削模数螺纹和径节螺纹的传动路线。

（2）在 CA6140 型卧式车床的主运动、车螺纹运动、纵向、横向进给运动中，哪几条传动链的两端件之间有严格的传动比？哪几条传动链是内联系传动链？

CA6140 型卧式车床的主要结构

任务 2 的具体内容是，了解 CA6140 卧式车床的主要结构。通过这一具体任务的实施，能够更好地掌握 CA6140 卧式车床的相关知识。

知识点与技能点

（1）主轴箱。

（2）进给箱。

（3）溜板箱。

工作情景分析

CA6140 型卧式车床的加工范围很广，其结构设计是颇具经典性、代表性的机械设备。通过对其典型结构的分析，以利于学生掌握常用工程机械部件、装置、构件的工作原理、用途、特点，可在今后的结构设计中灵活运用，发展创新。

相关知识

一、主轴箱

主轴箱主要由主轴部件、传动机构、开停与制动装置、操纵机构等组成。为了便于了解主轴箱内各传动件的传动关系、传动件的结构、形状、装配方式以及支承结构，常采用展开图的形式表示。图 4-5 所示为 CA6140 型卧式车床主轴箱的展开图。它基本上按主轴箱内各传动轴的传动顺序，沿其轴线取剖切面，展开绘制而成，其剖切面的位置见图 4-6。

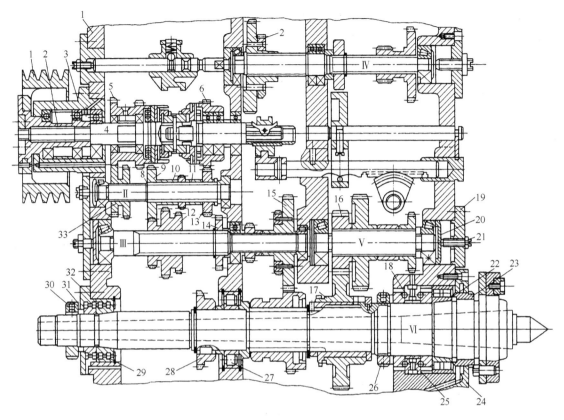

图4-5　CA6140型卧式车床主轴箱的展开图

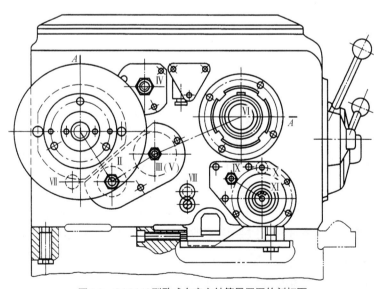

图4-6　CA6140型卧式车床主轴箱展开图的剖切面

展开图把立体展开在一个平面上，因而其中有些轴之间的距离拉开了。展开图不表示各轴的实际位置。下面对主轴箱内主要部件的结构、工作原理及调整作一介绍。

1. 卸荷式带轮

主电动机通过带传动使轴Ⅰ转动，为提高轴Ⅰ旋转的平稳性，轴Ⅰ的带轮采用了卸荷结构。如图4-6所示，带轮1通过螺钉与花键套2联成一体，支承在法兰3内的两个深沟球轴承上。法兰3则用螺钉固定在箱体4上。当带轮1通过花键套2的内花键带动轴Ⅰ旋转时，传动带作用于带轮上的拉力经花键套2通过两个深沟球轴承经法兰3传至箱体4，这样使轴Ⅰ只受转矩，而免受径向力作用，减少轴Ⅰ的弯曲变形，从而提高了传动平稳性及传动件的使用寿命。我们把这种卸掉作用在轴上由传动带拉力产生的径向载荷的装置称为卸荷装置。

2. 主轴组件

（1）主轴的结构。CA6140型卧式车床的主轴是空心阶梯轴，主轴的内孔可用来通过棒料、拆卸顶尖，也可用于通过气动、电动或液压夹紧装置的机构。主轴前端的锥孔为莫氏6号锥度，用来安装前顶尖或心轴，主轴后端的锥孔为工艺孔。

如图4-7所示，主轴的前端采用短圆锥法兰式结构，用来安装卡盘或拨盘。主轴前端的短圆锥面是安装卡盘或拨盘的定位面，法兰上凹形孔中的端面键用来传递转矩。

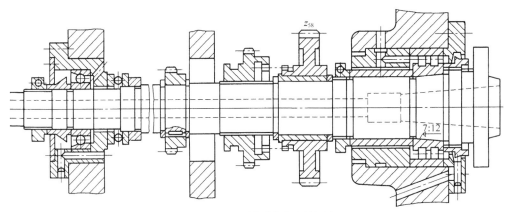

图4-7　CA6140型卧式车床主轴部件图

（2）主轴的支承。主轴部件采用三支承结构，前后支承分别装有NN3021K型和NN3015K型双列短圆柱滚子轴承，用于承受径向力。这种轴承有刚性好、精度高、调整方便等优点。轴承的内环很薄，且与主轴的配合面有1:12的锥度，当内环与主轴有相对位移时，内环产生径向弹性膨胀，从而调整了轴承径向间隙。调整妥当后，用螺母上的紧定螺钉锁紧。前支承处还装有60°角接触双向推力球轴承，用以承受左右两个方向上的轴向力。中间支承为单列圆柱滚子轴承。

近年来，CA6140型卧式普通车床主轴组件已改为两支承结构。这种结构不仅可以满足刚度和精度方面的要求，而且使结构简化，降低了成本。前支承仍采用NN3201K型双列短圆柱滚子轴承以承受径向力，后支承由一个向心推力球轴承和一个推力球轴承组成，分别承受两个方向的轴向力和径向力。

主轴前后支承的润滑都是由油泵供油，润滑油通过进油孔对轴承进行充分的润滑，并带走主轴旋转所产生的热量。主轴前后两端采用了油沟式密封。油沟为轴套外表面上锯齿形截面的环形槽。主轴旋转时，由于离心力使油液沿着斜面被甩回，经回油孔流回箱底，最后流回到床腿内的油池。

3. 双向多片式摩擦离合器及制动操纵机构

双向多片式摩擦离合器在主轴箱中的轴 I 上，由内摩擦片、外摩擦片、止推片、压套和空套齿轮等组成。图 4-8（a）所示为摩擦离合器左面的一部分。

图中内摩擦片 3 的内孔为花键孔，与轴 I 的花键啮合，随轴 I 一起转动，其外径略小于双联空套齿轮 1 套筒的内孔，不能直接传动空套齿轮 1；外摩擦片 2 的孔是圆孔，其孔径略大于花键轴的外径，其外圆上有 4 个凸起，嵌在空套齿轮 1 套筒的 4 个缺口槽中，能带动空套齿轮 1 转动。当内外片被压套压紧时，轴 I 的转动由内摩擦片 3 通过内外摩擦片间的摩擦力传给外摩擦片 2，再由外摩擦片 2 传动空套齿轮 1，再经过其使主轴正转。同理，当右离合器内外片压紧时，轴 I 的转动便传给了轴 I 右端的齿轮，从而使主轴反转。当左右离合器都处于脱开状态时，轴 I 虽仍在转动，但主轴处于停止状态。

如图 4-8（b）所示，离合器由手柄 18 操纵。当手柄 18 向上扳动时，连杆 20 向外移动，通过曲柄 21、扇齿轮 17、齿条轴 22 使滑套 12 右移，将元宝销 6 的右端向下压，元宝销下端推动轴 I 孔内的拉杆 7 左移带动压套 8 向左压紧，则左离合器开始传递运动，实现主轴正传。同理，将手柄 18 下压时，右离合器接合，主轴反转。当手柄 18 处于中间位置时，离合器脱开，主轴停止转动。为了操纵方便，支撑轴 19 上装有两个操纵手柄 18，分别位于进给箱的右侧和滑板箱的右侧。

摩擦离合器不但能实现主轴的正反转和停止，并且在接通主传动链时还能起过载保护作用。当机床过载时，摩擦片打滑，避免了损坏机床部件。摩擦片传递转矩的大小在摩擦片数量一定的情况下取决于摩擦片之间压紧力的大小，其压紧力的大小是根据额定转矩调整的。当摩擦片磨损后，压紧力减小，这时可进行调整。调整方法是用工具将放松的弹簧销 4 压进压套 8 的孔内，旋转螺母 9，使螺母 9 相对压套 8 转动，螺母 9 相对压套 8 产生轴向左移，直到能可靠压紧摩擦片，松开弹簧销 4，并使其重新卡入螺母 9 的缺口中，防止其松动。

双向式多片摩擦离合器与制动装置采用同一操纵机构控制，如图 4-8（b）所示。要求停车时，主轴能迅速制动；开车（即离合器 M_1 处于左或右位）时，制动钢带应完全松开。当抬起或压下手柄 18 时，通过拉杆 20、曲柄 21 及扇齿轮 17，使齿条轴 22 向左或向右移动，再通过元宝形摆块 6、推拉杆 7 使左边或右边离合器结合，从而使主轴正转或反转。此时杠杆 14 下端位于齿条轴圆弧形凹槽内，制动钢带处于松开状态。当操纵手柄 18 处于中间位置时，齿条轴 22 和滑套 12 也处于中间位置，摩擦离合器左、右摩擦片组都松开，主轴与运动源断开。这时，杠杆 14 下端被齿条轴两凹槽间凸起部分顶起，从而拉紧制动钢带，使主轴迅速制动。

为了在摩擦离合器松开后，克服惯性作用，使主轴迅速降速或停止，在主轴箱内的Ⅳ轴上装有制动器，制动器由制动轮 16，制动带 15，调节螺钉 13 和杠杆 14 等件组成，如图 4-8（c）所示。制动器的作用是在左、右离合器全脱开时，使主轴迅速停止转动，以缩短辅助时间。为协调两机构的工作，摩擦离合器和制动器采用联动操纵装置。制动带 15 为一钢带，其内侧固定一层摩擦系数较大的酚醛石棉以增大制动摩擦力矩。制动钢带一端通过调节螺钉 13 与箱体连接，另一端固定在杠杆上端。当杠杆 14 绕其转轴逆时针摆动时，拉动制动钢带，使其包紧在制动轮上，并通过制动钢带与制动轮之间的摩擦力使主轴得到迅速制动。制动力矩的大小可通过调节螺钉 13 进行调整。

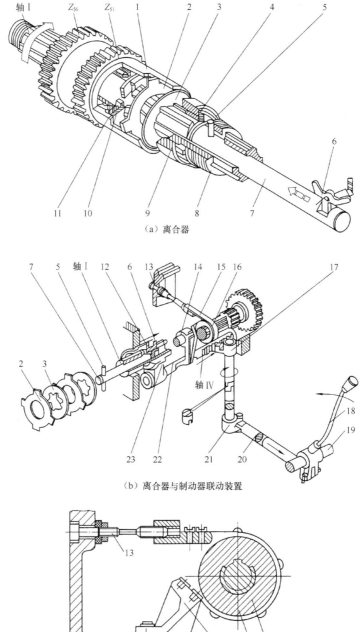

（a）离合器

（b）离合器与制动器联动装置

（c）制动器

图4-8　摩擦离合器、制动器及其操纵机构

1—双联齿轮；2—外片；3—内片；4—弹簧销；5—销；6—元宝销；7—拉杆；8—压套；9—螺母；10、11—止推片；
12—滑套；13—调节螺钉；14—杠杆；15—制动带；16—制动轮；17—扇齿轮；18—手柄；
19—支撑轴；20—连杆；21—曲柄；22—齿条轴；23—拨叉

4．六级变速操纵机构

主轴箱中轴Ⅱ上有一个双联滑移齿轮，轴Ⅲ上有一个三联滑移齿轮，这两个滑移齿轮可由一个装在主轴箱前侧面的单手柄六级变速操纵机构来控制，其结构及工作原理如图4-9所示。转动手柄9，通过链轮链条传动轴7，与传动轴7同时转动的有盘形凸轮6和曲柄5。手柄轴和传动轴7的传动比为1:1，所以手柄旋转1周，盘形凸轮6和曲柄拨销4也均转过1周。盘形凸轮6上的封闭曲线槽由半径不同的两段圆弧和过渡直线组成，杠杆11上端有一销子10插入盘形凸轮6的曲线槽内，下端也有一销子插入拨叉12的槽内。当盘形凸轮大半径圆弧槽转至销子10处时（见图4-9（b）），销子向下移动，同时带动杠杆11顺时针转动，从而使轴Ⅱ上的双联滑移齿轮在左位。当盘形凸轮小半径圆弧槽转至销子10处时（见图4-9（c）），销子向上移动，杠杆11逆时针旋转，轴Ⅱ上的双联滑移齿轮在右位。曲柄5上的曲柄拨销4上装有滚子，并嵌入拨叉3的槽内。传动轴7带动曲柄5

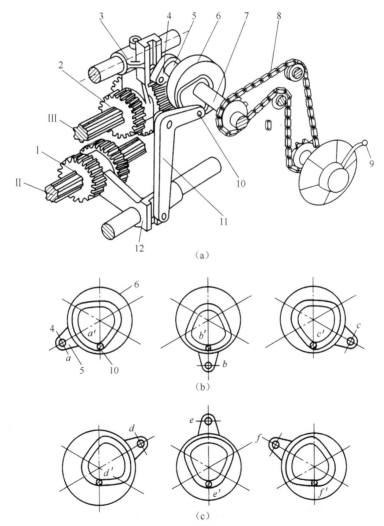

图4-9　六级变速操纵机构

1—双联滑移齿轮；2—三联滑移齿轮；3、12—拨叉；4—曲柄拨销；5—曲柄；6—盘形凸轮；
7—传动轴；8—链条；9—手柄；10—销子；11—杠杆

旋转时，曲柄拨销 4 绕轴 7 转动，并通过拨叉 3 使轴Ⅲ上的三联滑移齿轮 2 有左、中、右 3 个不同位置。每次转动手柄 60°，就可以通过双联滑移齿轮两个位置与三联滑移齿轮的 3 个位置的组合，得到轴Ⅲ的六级转速。

二、进给箱

进给箱是进给传动系统的一个重要组成部分。图 4-10 所示为 CA6140 型卧式车床进给箱的结构示意图。在 CA6140 型卧式车床的进给箱中安装有基本螺距操纵机构、增倍组操纵机构、螺纹种类变换机构和光杠、丝杠运动分配操纵机构。

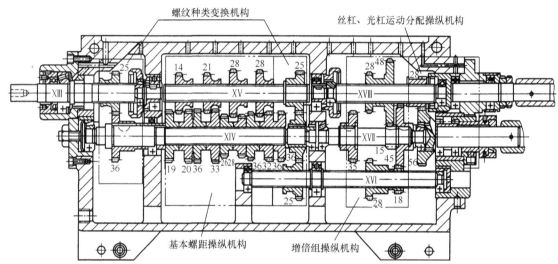

图4-10　CA6140型卧式车床进给箱

1. 基本组操纵机构

图 4-11 所示为进给箱中的基本组操纵机构的工作原理图。它是用来操纵ⅩⅣ轴上的 4 个滑移齿轮，在任何一时刻保证最多只有 4 个滑移齿轮中的 1 个齿轮与 8 个固定齿轮中的 1 个齿轮相啮合。由图 4-11 可以看出，基本组ⅩⅣ轴上的 4 个滑移齿轮分别由 4 个拨块 3 来拨动，每个拨块的位置是由各自的销子 5 分别通过杠杆 4 来控制的。4 个销子 5 均匀地分布在操纵手轮 6 背面的环形槽 E 中，环形槽中有两个相隔 45° 的孔 a 和孔 b，孔中分别安装带斜面的压块 1 和 2，其中内压块 1 的斜面向外斜，外压块 2 的斜面向里斜。这种操纵机构就是利用压块 1、2 和环形槽 E 操纵销子 5 及杠杆 4，使每个拨块 3 及其滑动齿轮可以有左、中、右 3 种位置。在同一工作时间内基本组中只能有一对齿轮啮合。

操纵手轮 6 在圆周上有 8 个均布位置，当它处于图 4-11 所示位置时，只有左上角杠杆的销子 5 在外压块 2 的作用下靠在孔 b 的内侧壁上，此时滑移齿轮 Z_{28}（左）处于左端位置与轴ⅩⅢ上的齿轮 Z_{26} 啮合（注意图 4-11 的视图是在操纵手轮的背面观察，这里文中的左右是站在手轮前面面对机床来观察），其余 3 个销子均处于环形槽 E 中，其相应的滑移齿轮都处于各自中间（空当）位置。若将手轮拨出按图示逆时针转动 45°，这时孔 a 正对左上角杠杆的销子 5′，将手轮重新推入，这时孔

a 中内压块 1 的斜面推动销子 $5'$ 向外，使左上角杠杆向顺时针方向摆动，于是便将相应的滑移齿轮 Z_{28} 推向右端与 XIII 轴上的齿轮 Z_{28} 相啮合（对着机床观察）。

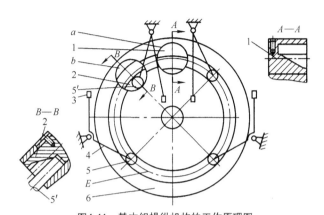

图4-11　基本组操纵机构的工作原理图

1—内压块；2—外压块；3—拨块；4—杠杆；5—销子；6—操纵手轮

2. 增倍组操纵机构

增倍组通过位于轴 XV 及轴 XVII 上两个双联滑移齿轮变速，使其获得四种成倍数关系的传动比。轴 XV 上双联齿轮应有左、右两个不同位置，而轴 XVII 上的双联齿轮除了变速外，在加工非标准螺纹时，要通过 Z_{28} 与内齿离合器 M_4 啮合使运动直传丝杠。因此，该滑移齿轮在轴向有 3 个位置，其中左位用于接通 M_4，中、右位用于变速。

3. 螺纹种类移换机构及光、丝杠转换的操纵机构

图 4-12 所示为螺纹种类移换机构及丝杠、光杠转换的操纵机构简图。其中杠杆 4、5、6 是操纵移换机构的，图中是接通米制螺纹传动路线时的情况。杠杆 1 是操纵轴 XVII 右端滑移齿轮 Z_{28} 的，图中是接通机动进给时的情况。杠杆 1 和 4 的滚子都装在凸轮 2 的偏心圆槽中。此偏心槽的 a 点和 b 点离开回转中心的距离为 1，而 c 点和 d 点离开回转中心的距离则为 L。凸轮 2 固定在操纵手柄的轴 3 上。因此，如扳动手柄至 4 个不同的圆周位置，就可分别按米制或英制传动路线传动丝杠或光杠。

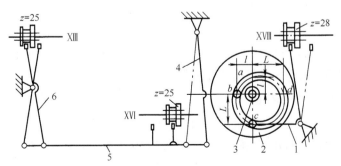

图4-12　螺纹种类移换机构及丝杠、光杠传动的操纵机构

三、溜板箱

溜板箱内包括实现刀架快慢移动自动转换的超越离合器,即起过载保护作用的安全离合器,接通及断开丝杠传动的开合螺母机构,接通、断开和转换纵、横向机动进给运动的操纵机构以及防止运动干涉的互锁机构等。

图 4-13 所示为 CA6140 型卧式车床溜板箱操纵图。1 为溜板纵向手轮,2 为手拉油泵手柄,能控制润滑床身、溜板导轨和溜板箱内各润滑点。3 为开合螺母手柄,4 为纵横向机动进给操纵手柄,其上装有快速移动按钮,以控制纵、横向正反两个方向的机动进给和快速移动。5 为主轴起动、正反转及制动手柄。

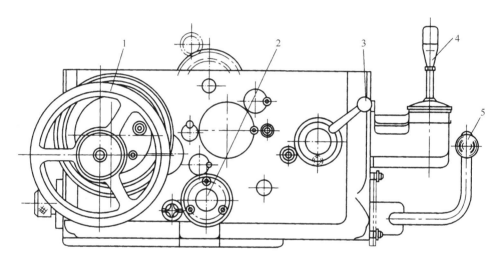

图4-13　溜板箱操纵图

1. 开合螺母机构

开合螺母机构用来接通或断开丝杆传动。开合螺母由上、下两个半螺母 5 和 4 组成,如图 4-14 所示。两个半螺母安装在溜板箱后壁的燕尾导轨上,可上下移动。上、下半螺母背后各装有一圆柱销 6,销的另一端分别插到操纵手柄左端圆盘 7 的两条曲线槽中,扳动手柄使圆盘 7 逆时针转动,圆盘端面的曲线槽迫使两圆柱销 6 相互靠近,从而使上、下半螺母合拢,与丝杠啮合,接通车螺纹运动。如扳动手柄,使圆盘顺时针转动,则圆盘 7 上的曲线槽使两圆柱销 6 分开,并使上、下半螺母随之分开,与丝杠脱离啮合,从而断开车螺纹运动。

调整开合螺母与丝杠啮合间隙时,可拧动螺钉 10,调整销钉 9 的轴向位置,通过限定开合螺母合拢时的距离来调整开合螺母与丝杠的啮合间隙(见图 4-14(c))。

2. 纵、横向机动进给操纵机构

图 4-15 所示为 CA6140 型卧式车床的纵、横向机动进给操纵机构。它利用一个手柄集中操纵纵、横向机动进给运动的接通、断开和换向,且手柄扳动方向与刀架运动方向一致,使用非常直观方便。向左或向右扳动手柄 1,使手柄座 3 绕着销轴 2 摆动时(销轴 2 装在轴向位置固定的轴 23 上),手柄座下端的开口槽通过球头销 4 拨动轴 5 轴向移动,再经杠杆 11 和连杆 12 使凸轮 13 转动,凸轮

上的曲线槽又通过圆销 14 带动拨叉轴 15 以及固定在它上面的拨叉 16 向前或向后移动,拨叉拨动离合器 M_8,使之与轴ⅩⅫ上两个空套齿轮之一啮合,于是纵向机动进给运动接通,刀架相应向左或向右移动。

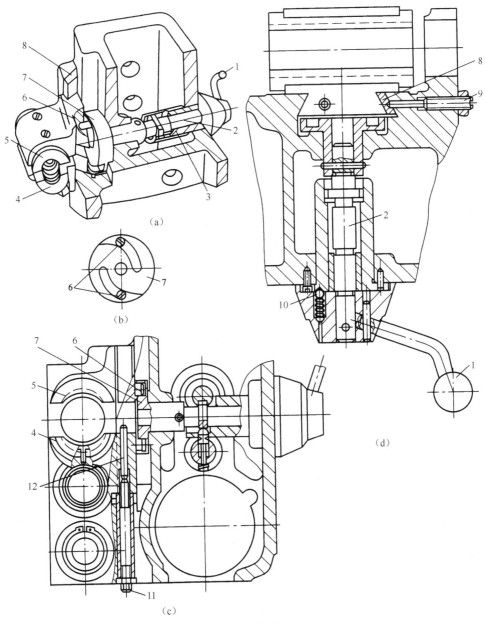

图4-14　开合螺母机构

1—手把；2—轴；3—轴承套；4—下半螺母；5—上半螺母；6—圆柱销；

7—圆盘；8—平镶条；9、10、11—螺钉；12—销钉

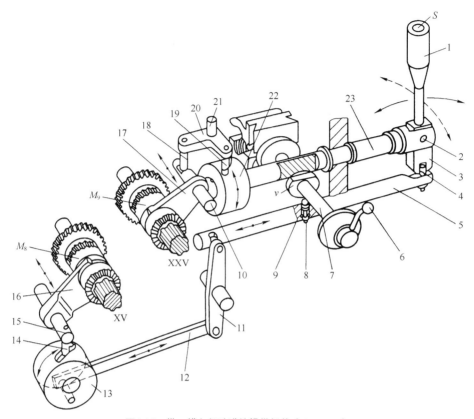

图4-15　纵、横向机动进给操纵机构（CA6140）

1、6—手柄；2、21—销轴；3—手柄座；4—球头销；5、7、23—轴；8—弹簧销；9—球头销；10—拨叉轴；
11、20—杠杆；12—连杆；13、22—凸轮；14、18、19—圆销；15—拨叉轴；16、17—拨叉

向后或向前扳动手柄 1，通过手柄座 3 使轴 23 以及固定在它左端的凸轮 22 转动时，凸轮上曲线槽通过圆销 19 使杠杆 20 绕销轴 21 摆动，再经过杠杆 20 上的另一个圆销 18，带动拨叉轴 10 以及固定在它上面的拨叉 17 向前或向后移动，拨叉拨动离合器 M_9，使之与轴 XXV 上两空套齿轮之一啮合，于是横向机动进给运动接通，刀架相应地向前或向后移动。

手柄 1 扳至中间直立位置时，离合器 M_8 和 M_9 均处于中间位置，机动进给传动链断开。当手柄扳至左、右、前、后任一位置时，如按下装在手柄 1 顶端的按钮 S，则快速电动机启动，刀架便在相应方向上快速移动。

3. 互锁机构

为了避免损坏机床，光杠和丝杠不能同时接通，即当开合螺母合上时，机动进给不能接通；相反，当接通机动进给时，开合螺母不能合上。为此，溜板箱中设置了互锁机构。

需要进一步说明机动进给操纵手柄与开合螺母手柄之间为何需要互锁。当机动纵向进给时，溜板箱带动开合螺母移动，若开合螺母与丝杠啮合，此时会出现开合螺母要移动而丝杠不转动的情况，从而产生运动干涉，造成机件损坏。故此时开合螺母操纵手柄处于锁死状态，开合螺母不能被合拢。另外，若丝杠旋转，通过开合螺母带动溜板箱移动时，轴XXIII随溜板箱一起自然移动，则轴上的小齿轮 Z_{12} 在齿条上滚动的同时绕轴XXIII转动，此时若离合器 M_8 啮合，轴XXI通过蜗轮传动蜗杆，造成

蜗杆涡轮的逆传动，造成其传动副的损坏，所以机动进给与车螺纹路线不但有离合器 M_5 实现动力互锁，而且还必须有机动进给操纵手柄与开合螺母操纵手柄之间的互锁。

图 4-16 所示为互锁机构的工作原理图。图 4-16（a）所示为手柄在中间位置时的情况，这时可任意地扳动开合螺母操纵手柄或机动进给操纵手柄。

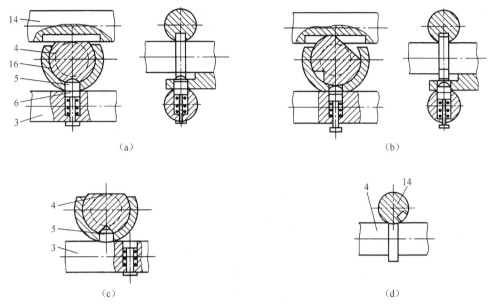

图4-16 互锁机构的工作原理图

图 4-16（b）所示为合上开合螺母时的情况，这时操纵开合螺母的手柄带动手柄轴 7（见图 4-15）转过了一个角度，它的凸肩转入轴 23（见图 4-15）的长槽中，将 23 卡住，使它不能转动，即横向机动进给不能接通。图 4-16（c）所示为纵向机动进给的情况，这时轴 5 向右移动，轴 5 上的圆孔及安装在圆孔内的弹簧销 8（见图 4-15）也随之移开，球头销 9（见图 4-15）被轴 5 的表面顶住不能往下移动，它的上端卡在手柄轴 7 的锥孔中，将手柄轴 7 锁住不能转动，所以开合螺母不能再闭合。图 4-16（d）所示为横向机动进给的情况，此时轴 23 转动，其上的长槽也随之转动而不对准手柄轴 7 上的凸肩，于是手柄轴 7 不能再转动，即开合螺母不能闭合。由此可见，由于互锁机构的作用，合上开合螺母后，不能再接纵、横向进给运动，而接通了纵向或横向进给运动后，就无法再接通车螺纹运动。操纵进给方向的手柄面板上开有十字槽，以保证手柄向左或向右扳动后，不能前后扳动；反之，向前或向后扳动后，不能左右扳动。这样就实现了纵向与横向机动进给运动之间的互锁。

4. 超越离合器

单向超越离合器 M_6 的结构原理如图 4-17 所示。它由空套齿轮 27（即溜板箱中的齿轮 Z_{56}）、星轮 26、滚柱 29、顶销 32 和弹簧 33 组成。当机动工作进给时运动由空套齿轮 27 传入并逆时针旋转时，带动滚柱 29 挤向楔缝，使星轮 26 随同齿轮 27 一起转动，再经安全离合器 M_7 带动轴XX转动。当快速电动机起动，星轮 26 由轴XX带动逆时针方向快速旋转时，由于星轮 26 超越齿轮 27 转动，滚柱 29 退出楔缝，使星轮 26 和齿轮 27 自动脱开，因而由进给箱传给齿轮 27 的慢速转动虽照常进行，却不能传给轴XX。此时，轴XX由快速电动机传动作快速转动，使刀架实现快速运动。一旦快速电动机停止转动，超越离合器自动接合，刀架立即恢复正常的工作进给运动。特别注意的是离合器 M_6 正常工作的条件是空套齿轮 27 和星轮 26 只准作逆时针的转动。

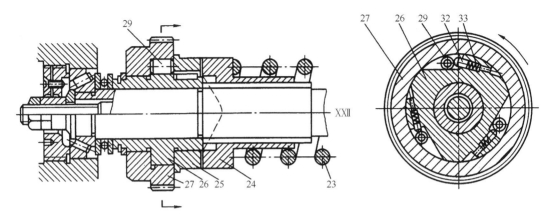

图4-17　超越离合器及安全离合器的工作原理
26—星轮；27—空套齿轮；29—滚柱；32—顶销；33—弹簧

在正常机动进给情况下，运动由超越离合器经安全离合器传至轴 XX，当出现过载时，蜗杆轴的扭矩增大并超过允许值，这时通过安全离合器端面螺旋齿传递的扭矩也随之增加，以至使端面螺旋齿处的轴向推力超过了弹簧的压力，于是便将离合器右半部推开，此时，离合器左半部继续旋转，而右半部却不能被带动。所以在两者之间产生打滑现象，将传动链断开，因此使传动机构不致因过载而损坏，当过载现象消失后，在弹簧 33 的作用下，安全离合器自动恢复到原来的正常状态。

5. 安全离合器

在机动进给时，如进给力过大或进给运动受阻，则有可能损坏机件。因此在进给运动传动链中设置安全离合器以便实现自动停止进给。安全离合器的结构如图 4-17 所示。

超越离合器的星轮 26 空套在轴 XXII 上，安全离合器的左半键传动 25 用键与星形体连接。安全离合器的右半螺旋端齿传动 24 用花键与轴 XXII 相联。运动经星轮 26 通过键传动 25，再由键传动 25 的端齿带动螺旋端齿传动 24，又由螺旋端齿传动 24 的花键传动轴 XXII。安全离合器的工作原理如图 4-18 所示。左半键传动 25 与右半螺旋端齿传动 24 端面齿啮合，啮合面之间为螺旋形端面齿。由于接触面是倾斜的，左半带动右半时两接触面之间产生的作用力在公法线方向上，此力可以分解成切向力和轴向力，切向力使螺旋端齿传动 24 旋转，这个轴向力靠弹簧 23 来平衡。如图 4-18（b）所示，当进给力超过预定值后，其轴向力变大压缩弹簧 23，使螺旋端齿传动 24 产生轴向位移，从而使端齿脱开产生打滑如图 4-18（c）所示。

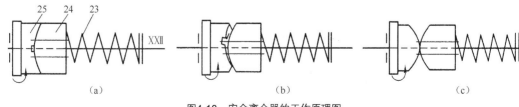

图4-18　安全离合器的工作原理图

在机床上可预先调节弹簧 23 的预压力，从而调整安全离合器传递的额定工作扭矩。

知识拓展

一、主轴启动、停止不正常

CA6140 型卧式车床的启动是通过手柄操纵使 M_1 离合器合上而实现，M_1 离合器是双向多片式摩擦离合器，如图 4-18 所示，它可实现主轴的开停和换向。

其结构由相同的左右两部分组成，左离合器传动主轴正转，右离合器传动主轴反转。摩擦片有内外之分，且相间安装。如果将内外摩擦片压紧，产生摩擦力，轴 I 的运动就通过内外摩擦片而带动空套齿轮旋转；反之，如果松开，轴 I 的运动与空套齿轮的运动不相干，内外摩擦片之间处于打滑状态。正转用于切削，需传递的扭矩较大，而反转主要用于退刀，所以左离合器摩擦片数较多，而右离合器摩擦片数较少。内外摩擦片之间的间隙大小应适当。如果间隙过大，则压不紧，摩擦片打滑，车床动力就显得不足，工作时易产生"闷车"现象，且摩擦片易磨损。反之，如果间隙过小，起动时费力；停车或换向时，摩擦片又不易脱开，严重时会导致摩擦片被烧坏。同时，由此也可看出，摩擦离合器除了可传递动力外，还能起过载保险的作用。当机床超载时，摩擦片会打滑，于是主轴就停止转动，从而避免损坏机床。摩擦片间的压紧力是根据离合器应传递的额定扭矩来确定的。

制动装置功用在于车床停车过程中克服主轴箱中各运动件的惯性，使主轴迅速停止转动，以缩短辅助时间。CA6140 型卧式车床采用闸带式制动器实现制动。主轴停止操纵时不能迅速停下来是由于制动装置有问题，可能是制动带过松，也可能是制动带内制动片长期工作磨损。其调整合适的状态，应是停车时主轴能迅速停止，而开车时制动带能完全松开。

二、车床精度对加工质量的影响（见表 4-4）

表 4-4　　　　　　　　　　工件质量与车床精度误差

工件的质量	车床精度误差
车外圆时圆度超差	1. 主轴前、后轴承间隙过大 2. 主轴轴颈圆度超差
车外圆时圆柱度超差	1. 主轴轴线与床鞍移动平行度超差 2. 车床导轨严重磨损
车外圆时，工件直线度超差	1. 床身导轨不直或严重磨损，床鞍移动的直线度超差 2. 用小滑板车外圆时，由于小滑板导轨不直使小滑板移动的直线度超差 3. 在两顶尖间车削时，前后顶尖等高度超差
车外圆时，工件表面有振纹	1. 主轴轴承磨损或间隙过大 2. 床鞍、中滑板、小滑板间隙过大（其中任一个间隙大均会引起振动） 3. 主轴窜动超差
车平面时，平面度超差	1. 主轴轴线对中滑板移动的垂直度超差 2. 主轴轴向窜动超差

思考与练习

（1）主轴启动慢的原因是什么？

（2）主轴不能迅速停下来的原因是什么？

任务3　其他类型车床

任务3的具体内容是，了解其他类型的车床。通过这一具体任务的实施，能对车床的发展有所认识。

知识点与技能点

（1）立式车床。

（2）转塔车床。

（3）自动与半自动车床。

（4）仿形车床。

工作情景分析

车床的种类很多，除卧式车床外，按用途和结构不同，还有仪表车床，落地车床、立式车床、转塔车床、自动半自动车床、仿形车床、铲齿车床以及曲轴、凸轮轴车床、专门化车床。

相关知识

一、立式车床

立式车床用于加工径向尺寸大、轴向尺寸相对较小的大型和重型零件，立式车床是汽轮船、水轮机、重型电机、矿山冶金等重型机械制造厂不可缺少的加工设备，可加工如各种机架、壳体、盘、轮类零件，在一般机械制造中的使用也很普遍。

立式车床在结构布局上的主要特点是主轴垂直布置，并有一个直径很大的圆形工作台，供装夹工件之用，工作台台面处于水平位置，因此，笨重工件的装夹和找正比较方便。此外，由于工件及工作台的重力由床身导轨推力轴承承受，大大减轻了主轴及其轴承的负荷，故而较易保证加工精度。

图 4-19 所示为立式车床的外形图。立式车床分单柱式和双柱式两种。单柱式立式车床（见图 4-19（a））加工直径较小，最大加工直径一般小于 1 600mm；双柱立式车床（见图 4-19（b））加

工直径较大，最大的立式车床其加工直径超过 25000mm。

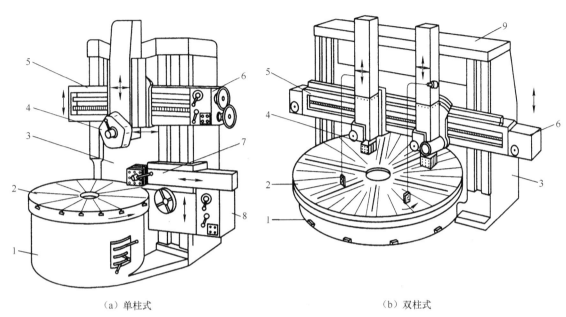

(a) 单柱式　　　　　　　　　　　　(b) 双柱式

图4-19　立式车床

1—底座；2—工作台；3—立柱；4—垂直刀架；5—横梁；6—垂直刀架进给箱；
7—侧刀架；8—侧刀架进给箱；9—顶梁

立式车床的工作台 2 装在底座 1 上，工件装夹在工作台上并由工作台带动作主运动。进给运动由垂直刀架 4 和侧刀架 7 来实现。侧刀架 7 可在立柱 3 的导轨上移动作垂直进给，还可以沿刀架滑座导轨作横向进给。垂直刀架 4 可在横梁 5 的导轨上移动作横向进给。此外，垂直刀架滑板还可沿其刀架滑座导轨作垂直进给。刀架滑座可左右扳转一定角度，以便刀架作斜向进给。因此，垂直刀架可用来完成车内外圆柱面、内外圆锥面、切端面以及切沟槽等工序。中小型立式车床的一个垂直刀架上，通常带有五边形转塔刀架，刀架上可以装夹多组刀具，还可安装各种孔加工刀具，以进行钻、扩、铰等工序。侧刀架可以完成车外圆、切端面、切沟槽和倒角等工序。横梁 5 可根据工件的高度沿立柱导轨升降。

二、转塔车床

转塔车床加工形状比较复杂，特别是带有内孔和外螺纹的工件，如各种阶梯小轴、套筒、螺钉、螺母、接头、法兰盘和轴类零件等，如图 4-20 所示。

在成批生产较复杂的工件时，为了增加安装刀具的数量，减少更换刀具的时间，将普通车床的尾座去掉，安装可以纵向移动的多工位转塔式刀架，并在传动和结构上作相应的改变，就成了转塔车床。转塔车床是在卧式车床的基础上发展起来的，即将卧式车床的尾座换成能作机动进给的转塔刀架，在转塔刀架上可安装多组刀具。在转塔车床上，根据工件的加工工艺，预先将所用的全部刀具安装在机床上，并调整妥当。每组刀具的行程终点位置可由调整的挡块加以控制。加工时刀具轮流进行切削，加工每个工件时不必再反复装卸刀具和测量工件尺寸。为了进一步提高加工生产率，在转塔车床上应尽可能使用多刀同时加工。

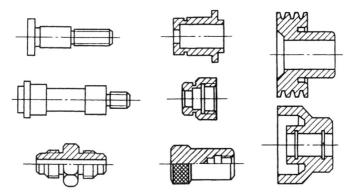

图4-20　转塔车床上加工的典型零件

转塔车床按刀架的结构不同，可以分为滑鞍转塔车床和回轮车床两种。

1. 滑鞍转塔车床

如图 4-21 所示的滑鞍转塔车床，可绕垂直轴线转位，并且只能做纵向进给，用于车削外圆柱面及使用孔加工刀具进行孔的加工，或使用丝锥、板牙等加工内外螺纹。前刀架可作纵、横向进给，用于加工大圆柱面、端面以及车槽、切断等。前刀架去掉了转盘和小刀架，不能用于切削圆锥面。这种车床常用前刀架和转塔上的刀具同时进行加工，因而具有较高的生产效率。尽管转塔车床在成批加工复杂零件时能有效地提高生产效率，但在单件、小批量生产中受到限制，因为需要预先调整刀具和行程而花费较多的时间，在大批量生产中，它又不如自动车床及半自动车床、数控车床效率高，因而又被这些先进的车床所代替。

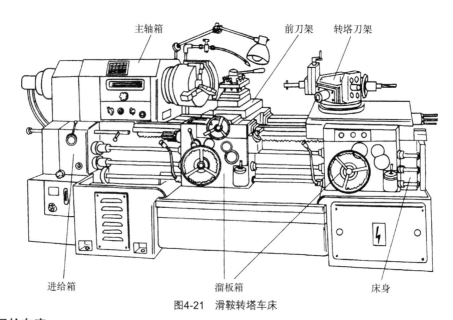

图4-21　滑鞍转塔车床

2. 回轮车床

图 4-22 所示为回轮车床，它没有前刀架，只有一个轴线与主轴中心线平行的回轮刀架。在回轮

刀架的端面上有许多安装刀具的孔，通常有 12 个或 16 个。当刀具孔转到最上端位置时，与主轴中心线正好同轴。回轮刀架可沿床身导轨作纵向进给运动。机床作成型切削、车槽及切断工件时，需作横向进给。横向进给是由回轮刀架缓慢转动来实现的。在横向进给过程中，刀尖的运动轨迹是圆弧的，刀具的前角和后角是变化的。但由于工件的直径较小，而回转刀架的回转直径相对大得多，所以刀具前、后角的变化较小，对切削过程的影响不大。回轮车床主要用于加工直径较小的工件，它所用的毛坯通常为棒料。

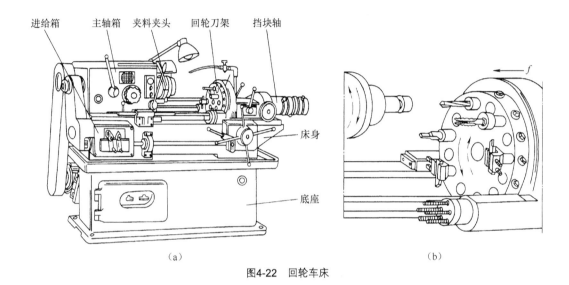

（a）　　　　　　　　　　（b）

图4-22　回轮车床

三、铲齿车床

铲齿车床是一种专门化车床，用于铲削成形铣刀、齿轮滚刀、丝锥等刀具的后刀面（齿背），使其获得所需的刀刃形状和所要求的后角。

铲齿车床的外形与卧式车床相似，所不同的是取消了进给箱和光杠，刀架的纵向机动进给只能通过丝杠传动，进给量大小由挂轮进行调整。机床铲削齿背的工作原理可由图 4-23（a）和图 4-23（b）予以说明。

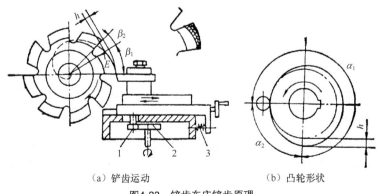

（a）铲齿运动　　　　（b）凸轮形状

图4-23　铲齿车床铲齿原理

1—从动销；2—凸轮；3—弹簧

铲削前，刀具毛坯通过心轴装夹在机床前后顶尖上，并由主轴带动旋转。当一个刀齿转至加工位置时，凸轮 2 的上升曲线通过从动销 1，使刀架带着铲齿刀向工件中心切入，从齿背上切下一层金属。当凸轮的上升曲线最高点转到从动销 1 处时，即转过，工件相应转过，铲刀铲至刀齿齿背延长线上的 E 点，完成一个刀齿铲削。随后，凸轮 2 的下降曲线与从动销 1 相接触，刀架在弹簧 3 的作用下迅速后退。凸轮 2 转过，刀架退至起始位置。此时，工件相应转过，使下一个刀齿进入加工位置。由此可知，工件每转过一个刀齿，凸轮转一周。如果工件有 Z 个齿，则工件转一周凸轮转过 Z 周。凸轮与主轴间的这种运动关系，由挂轮进行调整。铲削后的齿背形状取决于凸轮上升曲线形状，一般为阿基米德螺旋线。由于加工余量大，应分几刀铲削，因而工件每转一转后，刀架应横向朝工件移动一定距离直到达到所需形状和尺寸为止。

四、马鞍车床

马鞍车床的外形如图 4-24 所示。

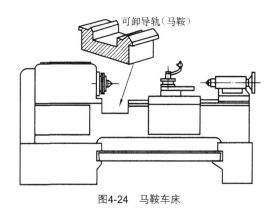

图4-24　马鞍车床

马鞍车床是同规格卧式车床的"变型"。它和卧式车床基本相同，主要区别是它的床身在靠近主轴箱一侧有一段可卸式导轨（马鞍）。卸去马鞍后，就可以使加工工件的最大直径增大。由于马鞍经常装卸，马鞍车床床身导轨的工作精度和刚度都不如卧式车床，所以，这种车床主要应用在设备较少的单件、小批量生产的小工厂及修理车间。

知识拓展

自动车床和半自动车床

机床调整好以后，无须人工操作便能自动地、连续地完成预定的工作循环，这种车床称为自动车床；若机床能完成预定的工作循环，但装卸工件仍由人工完成，即不能自动重复工作循环而能自动完成一次加工的车床称为半自动车床。

是否采用自动或半自动车床，主要取决于毛坯的形状和生产批量。加工棒料毛坯适宜采用自动车床；加工件料毛坯适宜采用半自动车床。对于批量较大的件料毛坯加工，可以在半自动车床上增加装卸料装置，使之变为自动车床。

多轴自动或半自动车床由于可对多个工件同时加工，所以适合在大批大量生产中使用。横切式自动车床由于刀具一般只能作横向进给，所以主要用于加工形状简单、尺寸较小的销轴类零件；纵切式自动车床由于刀具一般只能作纵向进给，所以主要用于加工细长轴和盘套类零件；复合式自动车床主要用于加工形状复杂、需要多把车刀顺序加工的零件。

采用自动或半自动车床，显著地减少了辅助运动所消耗的时间，为多刀、多工位同时加工创造了有利条件，并为减轻工人劳动强度、提高劳动生产率开辟了途径。目前自动或半自动车床已广泛地用于大批量生产中，有时对于批量不太大的生产，为了使加工稳定或改善工人劳动条件，也采用了自动或半自动车床进行加工。

思考与练习

（1）马鞍车床、立式车床有哪些特点？

（2）试说明数控车床属于哪一类车床？

Chapter 5

项目五

| 铣床 |

任务1 X6132 型卧式万能升降台铣床结构及其传动系统

　　任务 1 的具体内容是，了解 X6132 型卧式万能升降台铣床的结构，掌握卧式铣床的传动系统。通过这一具体任务的实施，能够掌握卧式铣床主运动传动链、进给运动传动链的相关知识。

| 知识点与技能点 |

　　（1）X6132 型卧式万能升降台铣床的结构。
　　（2）X6132 型卧式万能升降台铣床主运动传动链。
　　（3）X6132 型卧式万能升降台铣床进给运动传动链。

| 工作情景分析 |

　　铣床主要用于加工各种平面、沟槽和成形面。由于刀刃间断切削，故散热条件好，一般不需切削液，但铣削面积较大时可用切削液。铣削时刀刃交替切削，产生冲击，切削厚度、深度变化，故切削力变化，刀具磨损较大。一般情况下，铣削加工多用于粗加工和半精加工。铣床是用铣刀进行切削加工的机床，它的用途极为广泛。

相关知识

一、铣床的典型表面加工

铣削加工是目前应用最广泛的加工方法之一，其典型表面加工如图 5-1 所示。

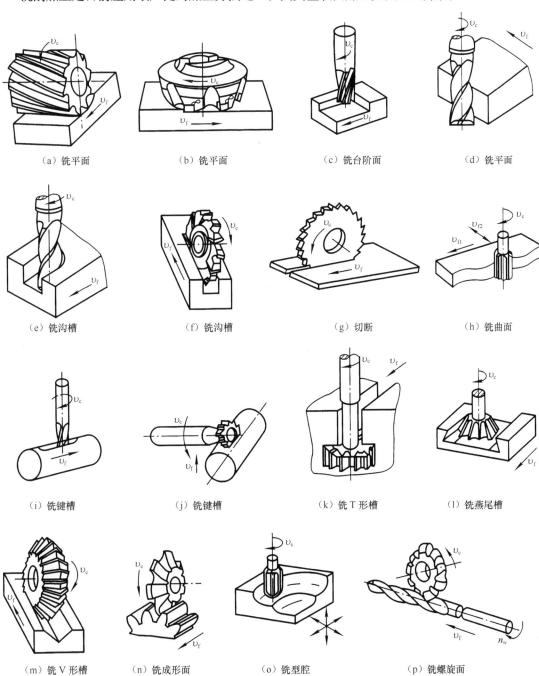

（a）铣平面 　　　（b）铣平面 　　　（c）铣台阶面 　　　（d）铣平面

（e）铣沟槽 　　　（f）铣沟槽 　　　（g）切断 　　　（h）铣曲面

（i）铣键槽 　　　（j）铣键槽 　　　（k）铣 T 形槽 　　　（l）铣燕尾槽

（m）铣 V 形槽 　　　（n）铣成形面 　　　（o）铣型腔 　　　（p）铣螺旋面

图5-1　铣床的典型表面加工

二、X6132型卧式万能升降台铣床

（一）X6132型卧式万能升降台铣床外形结构

X6132 型卧式万能升降台铣床与一般升降台铣床的主要区别在于其工作台不仅能在相互垂直的三个方向作进给和调整，还能绕垂直轴线在±45°范围内回转，并且可安装万能立铣头，扩大了机床的工艺范围。

X6132型卧式万能升降台铣床的外形如图 5-2 所示，其主要部件如下。

1. 床身

床身主要用来安装和连接铣床其他部件。床身正面有垂直导轨，可引导升降台上、下移动；床身顶部有燕尾形水平导轨，用以安装横梁并按需要引导横梁水平移动。床身内部装有主轴和主轴变速机构。

2. 主轴

主轴是一根空心轴，前端有锥度为 7:24 的圆锥孔，用以插入铣刀杆。电动机输出的回转运动和动力，经主轴变速机构驱动主轴连同铣刀一起回转，实现主运动。

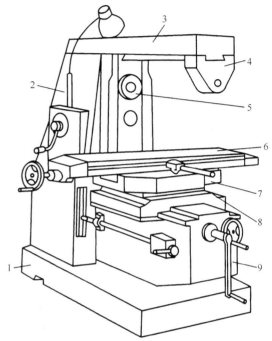

图5-2　X6132型卧式万能升降台铣床外形
1—底座；2—床身；3—横梁；4—刀杆支架；5—主轴；
6—纵向工作台；7—回转台；8—床鞍；9—升降台

3. 横梁

横梁可沿床身顶面燕尾形导轨移动，按需要调节其伸出长度，其上可安装挂架。

4. 刀杆支架

刀杆支架用以支承铣刀杆的另一端，增强铣刀杆的刚性。

5. 纵向工作台

纵向工作台用以安装需用的铣床夹具和工件。工作台可沿转台上的导轨纵向移动，带动台面上的工件实现纵向进给运动。

6. 回转台

回转台可在横向溜板上转动，以便工作台在水平面内斜置一个角度（-45°～+45°），实现斜向进给。

7. 床鞍

床鞍位于升降台上水平导轨上，可带动工作台横向移动，实现横向进给。

8. 升降台

升降台可沿床身导轨上、下移动，用来调整工作台在垂直方向的位置。升降台内部装有进给电动机和进给变速机构。

（二）X6132 型卧式万能升降台铣床的主要技术参数

工作台工作面积（长×宽）	1 250mm×320mm
纵向	800mm
横向	300mm
垂直	400mm
主轴中心线到悬梁间距离	155mm
床身垂直导轨到工作台面中心距离	215～515mm
刀杆直径（三种）	22mm、27mm、32mm
功率	1.5kW
转速	1410r/min
机床外形尺寸（长×宽×高）	1 831mm×2 064mm×1718mm

（三）X6132 型卧式万能升降台铣床的传动系统

1. 主运动传动链

图 5-3 所示为 X6132 型卧式万能升降台铣床的传动系统。主运动传动链的两端件是主电动机和

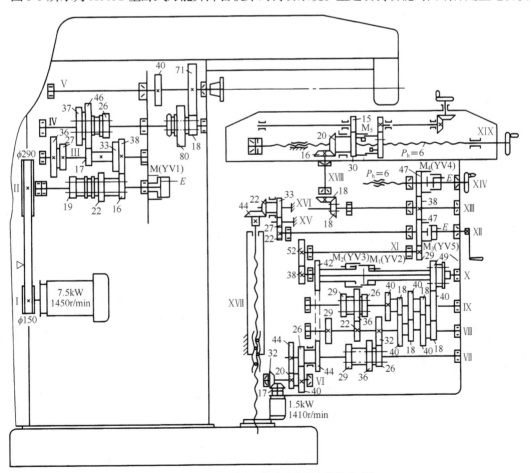

图5-3 X6132型卧式万能升降台铣床的传动系统

主轴。主运动由主电动机经三角带传动传至轴Ⅱ，再经轴Ⅱ—Ⅲ、Ⅲ—Ⅳ间的两个三联滑移齿轮变速组、轴Ⅳ—Ⅴ间的双联滑移齿轮变速组传至主轴Ⅴ，并使主轴Ⅴ获得 18 级转速。主轴的换向由电动机正、反转控制。安装在轴Ⅱ上的电磁制动器 M 控制主轴的快速制动。

在采用大直径铣刀铣削时，主轴转速要求低，进给量可以加大；采用小直径铣刀铣削时，主轴转速要求高，进给量要小；铣削加工时，主运动与进给运动之间无需保持严格的传动关系；因此，主运动和进给运动分别采用两个电机单独驱动。

主运动传动路线表达如下：

$$
电动机—Ⅰ—\frac{\phi150}{\phi290}—Ⅱ—\begin{Bmatrix}\frac{22}{33}\\\frac{19}{36}\\\frac{16}{38}\end{Bmatrix}—Ⅲ—\begin{Bmatrix}\frac{38}{26}\\\frac{27}{37}\\\frac{17}{46}\end{Bmatrix}—Ⅳ—\begin{Bmatrix}\frac{80}{40}\\\frac{18}{71}\end{Bmatrix}—Ⅴ
$$

2. 进给运动传动链

进给运动传动链的两端件是电机和工作台，使工件获得三个方向的直线进给运动。

电动机的运动经圆锥齿轮副传至轴Ⅵ，然后分两条传动路线传出。第一条传动路线为正常进给传动路线，轴Ⅵ的运动经齿轮副传至轴Ⅶ，再经轴Ⅶ—Ⅷ、Ⅷ—Ⅸ间的两个三联滑齿轮变速组和轴Ⅸ—Ⅷ—Ⅹ间的回曲机构、离合器 M1 传至轴Ⅹ。第二条传动路线为快速进给传动路线，轴Ⅵ的运动经齿轮副 $\frac{40}{26}$、$\frac{44}{42}$、离合器 M_2 传至轴Ⅹ。在正常进给传动链中，轴Ⅹ上的滑移齿轮 Z_{49} 有 a、b、c 三个不同的位置。当 Z_{49} 处于位置 c 时，轴Ⅸ的运动经 $\frac{40}{49}$ 直接传至轴Ⅹ；处于位置 b 时，运动经 $\frac{18}{40}\times\frac{18}{40}\times\frac{40}{49}$ 传至轴Ⅹ；处于位置 a 时，运动经 $\frac{18}{40}\times\frac{18}{40}\times\frac{18}{40}\times\frac{18}{40}\times\frac{40}{49}$ 传至轴Ⅹ。由以上分析可知，通过曲回机构可得三个不同的传动比，所以当离合器 M_1 接通时，通过两个三联滑移齿轮变速组和曲回机构，可使轴Ⅹ获得 3×3×3=27 级理论转速。但由于轴Ⅶ—Ⅸ间的两组三联滑移齿轮变速组的 3×3=9 种传动比中，有三种是相等的，即：

$$
\frac{26}{32}\times\frac{32}{26}=\frac{29}{29}\times\frac{29}{29}=\frac{36}{22}\times\frac{22}{36}=1
$$

所以，轴Ⅹ实际所得的转速级数为(3×3-2)×3=21 级。当电磁离合器 M_1 接通时，21 级转速经齿轮副 $\frac{38}{52}$，再分别经离合器 M_3、M_4、M_5 实现工作台的垂向、横向和纵向进给运动。断开 M_1，接通 M_2，轴Ⅹ得到的快速运动，经相同的传动路线传至工作台，分别实现垂向、横向、纵向三个方向的快速移动。

传动路线表达式如下。

（1）正常进给传动路线表达式：

$$\text{进给电动机}-\frac{17}{32}-\text{VI}-\frac{20}{44}-\text{VII}-\begin{Bmatrix}\dfrac{26}{32}\\[4pt]\dfrac{29}{29}\\[4pt]\dfrac{36}{22}\end{Bmatrix}-\text{VIII}-\begin{Bmatrix}\dfrac{32}{26}\\[4pt]\dfrac{29}{29}\\[4pt]\dfrac{22}{36}\end{Bmatrix}-\text{IX}-$$

$$\begin{Bmatrix}\dfrac{40}{49}\\[6pt]\dfrac{18}{40}\times\dfrac{18}{40}\times\dfrac{40}{49}\\[6pt]\dfrac{18}{40}\times\dfrac{18}{40}\times\dfrac{18}{40}\times\dfrac{18}{40}\times\dfrac{40}{49}\end{Bmatrix}-\text{X}（M_1\text{接合、}M_2\text{脱开}）-\frac{38}{52}-\text{XI}-\frac{29}{47}-$$

① $-\dfrac{47}{38}-$ XIII $-\dfrac{18}{18}-$ XVIII $-\dfrac{16}{20}-M_5$ 合 — XIX（纵向运动）

② $-\dfrac{47}{38}-$ XIII $-\dfrac{38}{47}-M_4$ 合 — XIV —（横向运动）

③ $-M_3$ 合 — XII $-\dfrac{22}{27}\times\dfrac{27}{33}\times\dfrac{22}{44}-$ XVII（垂直运动）

（2）快速进给传动路线表达式：

$$\text{进给电动机}-\frac{17}{32}-\text{VI}-\frac{40}{26}-\text{VII}-\frac{44}{42}-\text{X}（M_2\text{合、}M_1\text{脱开}）-\frac{38}{52}-\text{XI}-\frac{29}{47}-$$

① $-\dfrac{47}{38}-$ XIII $-\dfrac{18}{18}-$ XVIII $-\dfrac{16}{20}-M_5$ 合 — XIX（纵向运动）

② $-\dfrac{47}{38}-$ XIII $-\dfrac{38}{47}-M_4$ 合 — XIV —（横向运动）

③ $-M_3$ 合 — XII $-\dfrac{22}{27}\times\dfrac{27}{33}\times\dfrac{22}{44}-$ XVII（垂直运动）

3. 曲回机构

曲回机构的工作原理如图 5-4 所示。轴X上的滑移齿轮 Z_{49} 有三个工作位置。

当 Z_{49} 处于 c 位置时，运动直接由轴IX经齿轮副 $\dfrac{40}{49}$ 传到轴X，此时，轴IX—X的传动比为 $i_c=\dfrac{40}{49}$；

当 Z_{49} 处于 b 位置时，轴IX经齿轮副 $\dfrac{18}{40}\times\dfrac{18}{40}\times\dfrac{40}{49}$ 传到轴X，此时，轴IX—X的传动比为 $i_b=\dfrac{18}{40}\times\dfrac{18}{40}\times\dfrac{40}{49}$；

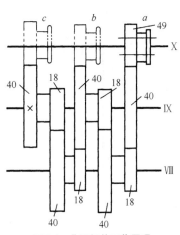

图5-4 曲回机构工作原理

当 Z_{49} 处于 a 位置时，轴IX经齿轮副 $\dfrac{18}{40} \times \dfrac{18}{40} \times \dfrac{18}{40} \times \dfrac{18}{40} \times \dfrac{40}{49}$ 传到轴X，此时，轴IX—X的传动比为 $i_{a} = \dfrac{18}{40} \times \dfrac{18}{40} \times \dfrac{18}{40} \times \dfrac{18}{40} \times \dfrac{40}{49}$。

由上述分析可知，轴IX的运动经由与轴VIII间的空套齿轮的曲折传递，可得到三种传动比，比值变化较大（1—0.2—0.04）。由于该机构曲折迂回，故叫做曲回机构。该机构结构简单、紧凑，降速比范围较大。

知识拓展

XA6132型卧式万能升降台铣床

XA6132 型卧式万能升降台铣床是目前最常用的铣床，机床结构比较完善，变速范围大，刚性好，操作方便。其与普通升降台铣床的区别在于工作台与升降台之间增加一回转盘，可使工作台在水平面上回转一定角度。

XA6132 型卧式万能升降台铣床传动系统如图 5-5 所示，该铣床主运动共有 18 种不同的转速。

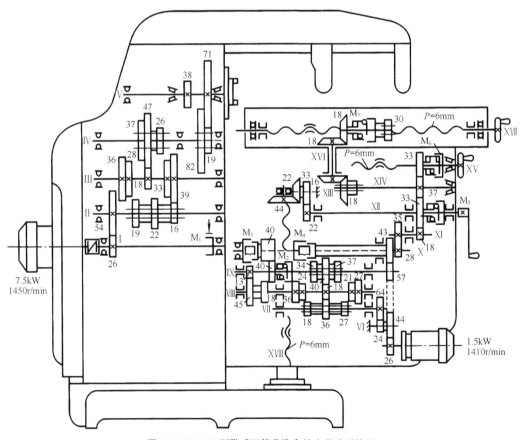

图5-5　XA6132型卧式万能升降台铣床传动系统图

其进给运动有单独的进给电机驱动，经相应的传动链将运动分别传至纵、横、垂直进给丝杠，实现三个方向的进给运动。快速运动由进给电机驱动，经快速空行程传动链实现。工作台的快速运动和进给运动是互锁的，进给方向的转换由进给电机改变旋转方向实现。

思考与练习

（1）与车削相比，铣削有哪些特点？

（2）X6132 型卧式万能升降台铣床的主运动、进给运动为何采用两台电动机？

任务2 X6132 型卧式万能升降台铣床的主要结构部件及铣削方式

任务 2 的具体内容是，了解 X6132 型卧式万能升降台铣床孔盘变速的工作原理，掌握卧式铣床的铣削方式。通过这一具体任务的实施，能够掌握不同铣削方式的优点和缺点，能根据不同的加工条件选择合适的加工方式。

知识点与技能点

（1）X6132 型卧式万能升降台铣床的主要结构部件。

（2）铣削方式。

工作情景分析

X6132 型卧式万能升降台铣床是卧式铣床中最普通、最具代表性的机床，通常也被称为 X62W，广泛应用于汽车配件、电子制造、造船业、模具制造、航空航天业等应用。X6132 型卧式万能升降台铣床可实现立、卧铣两用加工功能。

相关知识

一、X6132 型卧式万能升降台铣床的主要结构部件

1. 主轴部件

X6132 型万能卧式升降台铣床的主轴部件如图 5-6 所示，铣床的主轴部件包括主轴本身、主轴支承及轴上所安装的齿轮和飞轮。

铣床的主轴为空心轴，前端有 7:24 的精密锥孔，用于安装铣刀刀杆或带尾柄的铣刀，并可通过拉杆将铣刀或刀杆拉紧。铣刀锥柄上开有与端面键配合的缺口，与主轴前端的两个端面键相配合，

用以传递转矩，带动铣刀旋转，完成切削主运动。

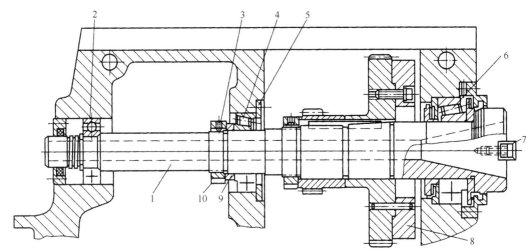

图5-6   X6132型万能卧式升降台铣床主轴部件
1—主轴；2—后支承；3—锁紧螺钉；4—中支承；5—轴承盖；6—前支承；
7—端面键；8—飞轮；9—隔套；10—调整螺母

铣床的主轴采用三支承结构，以提高主轴部件的刚性和抗振性，从而克服断续铣削可能引起的振动及铣削力的周期变化。主轴的前支承为P5级精度的圆锥滚子轴承，用于承受径向力和向左的轴向力；中支承为P6级精度的圆锥滚子轴承，用于承受径向力和向右的轴向力；后支承是辅助支承，为P0级精度的深沟球轴承，只能承受径向力。利用主轴中部的调整螺母10可调整轴承间隙。调整时，首先移开悬梁并拆下床身顶部盖板，露出主轴部件，然后松开锁紧螺钉3，用专用的勾头扳手勾在螺母10的径向槽内，再用一铁棒通过端面键7扳动主轴顺时针转动，使中支承的内圈向右移动，从而消除了中轴承的间隙。继续转动主轴，则可使主轴向左移动，通过主轴前端肩台，推动前支承6内圈左移，使前支承6的间隙消除。调整完毕后，必须拧紧锁紧螺钉3，再盖上盖板，推回悬梁。轴承间隙的调整应保证在1500r/min的转速下空运转1h，温度不超过60℃为宜。

在前、中支承之间安装有大齿轮，将运动传至主轴。大齿轮上用定位销及螺钉紧固飞轮，切削加工中可通过飞轮旋转的惯性使主轴运转平稳，以减轻铣刀断续切削引起的振动。

2. 孔盘变速操纵机构

X6132型卧式万能升降台铣床的主运动及进给运动的变速都采用了孔盘变速操纵机构进行控制。下面以主变速操纵机构为例予以介绍。

（1）孔盘变速机构工作原理。图5-7所示为利用孔盘变速操纵机构控制三联滑移齿轮的原理图。孔盘变速操纵机构主要由孔盘4、齿条轴2和2′、齿轮3及拨叉1组成（见图5-7（a））。

孔盘4上划分了几组直径不同的圆周，每个圆周又划分成18等分，根据变速时滑移齿轮不同位置的要求，这18个位置分为钻有大孔、钻有小孔或未钻孔3种状态。齿条轴2和2′上加工出直径分别为D和d的两段台肩。直径为d的台肩能穿过孔盘上的小孔，而直径为D的台肩只能穿过孔盘上的大孔。变速时，先将孔盘右移，使其退离齿条轴，然后根据变速要求，转动孔盘一定角度，再使孔盘左移复位。孔盘在复位时，可通过孔盘上对应齿条轴之处为大孔、小孔或无孔的不同情况，而使滑移齿轮获得3种不同位置，从而达到变速目的。3种工作状态分别如下。

① 孔盘上对应齿条轴2的位置无孔，而对应齿条轴2′的位置为大孔。孔盘复位时，向左顶齿条轴2，并通过拨叉将三联滑移齿轮推到左位。齿条轴2′则在齿条轴2及小齿轮3的共向作用下右移，台肩 D 穿过孔盘上的大孔（见图5-7（b））。

② 孔盘对应两齿条轴的位置均为小孔，齿条轴上的小台肩 d 穿过孔盘上小孔，两齿条轴均处于中间位置，从而通过拨叉使滑移齿轮处于中间位置（见图5-7（c））。

③ 孔盘上对应齿条轴2的位置为大孔，对应齿条轴2′的位置无孔，这时孔盘顶齿条轴2′左移，从而通过齿轮3使齿条轴2的台肩穿过大孔右移，并使齿轮处于右位（见图5-7（d））。

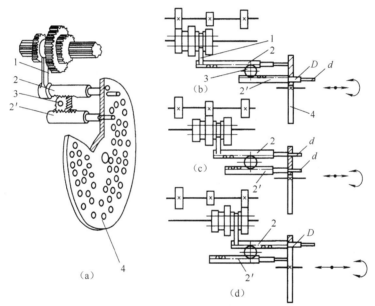

图5-7 孔盘变速原理

1—拨叉；2、2′—齿条轴；3—齿轮；4—孔盘

（2）主变速操纵机构的结构及操作。X6132型卧式万能升降台铣床的主变速操纵机构的结构如图5-8所示。变速时，首先将手柄1向外拉出，使其绕轴销2逆时针转动，脱开定位销3（见图5-8（c））；继续扳动手柄1，约转至250°时，经操纵盘9及平键使齿轮套筒4转动，传动齿轮5使齿条轴11向左移动（见图5-8（b）），带动拨叉12拨动孔盘8同时右移，使孔盘8从各组齿条轴11上退出，为选速时孔盘8转动做好准备；然后转动选速盘10，使所需的转速位置对准箭头，选速盘10的转动经圆锥齿轮副使孔盘8转过相应的角度；最后转回手柄1，带动孔盘8左移，从而推动各组齿条轴11作相应的位移，当轴销2重新卡入手柄1后的槽中时，手柄1回到原位，齿条轴11亦全部到位，完成一次变速。

变速时，为使滑移齿轮在改变位置后容易啮合，机床上设有主电动机瞬时冲动装置。利用齿轮

5 上的凸块 6（见图 5-8（d））压合微动开关 7，瞬时接通主电动机电源，使主电动机实现一次冲动，带动主轴箱内齿轮缓慢转动，使滑移齿轮能顺利地移动到另一啮合位置。

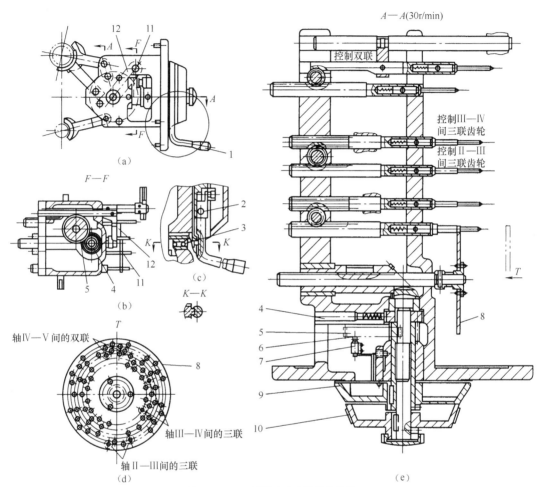

图5-8　X6132型铣床主变速操纵机构

1—手柄；2—销轴；3—定位销；4—齿轮套筒；5—齿轮；6—凸块；7—微动开关；

8—孔盘；9—操纵盘；10—速度盘；11—齿条轴；12—拨叉；

3．工作台

图 5-9 所示为 X6132 型万能卧式升降台铣床工作台结构，它由床鞍 1、回转台 2、工作台 6 等组成。床鞍 1 可在升降台上作横向移动，若工作台不需作横向移动时，可用手柄 15 经偏心轴 14 将床鞍 1 锁紧在升降台上。工作台 6 可沿回转台 2 上的燕尾槽导轨作纵向移动。回转台 2 连同工作台 6 一起可绕轴 XⅧ 的轴线回转+45°，调整到所需位置后，可用螺柱 19 和两个弧形压板 18 固紧在床鞍 1 上。工作台 6 的纵向进给和快速移动都由纵向进给丝杠螺母传动副传动。纵向进给丝杠 3 支承在前支架 5、后支架 12 的轴承上。前支承为滑动轴承，后支承由一个推力球轴承和一个圆锥滚子轴承组成，用以承受径向力和向左、向右的轴向力。后支承的间隙可用调整螺母 13 进行调整。圆锥齿轮 7 与左半离合器 8 用键连接，左半离合器 8 空套在纵向进给丝杠 3 上，右半离合器 9 与花键套筒

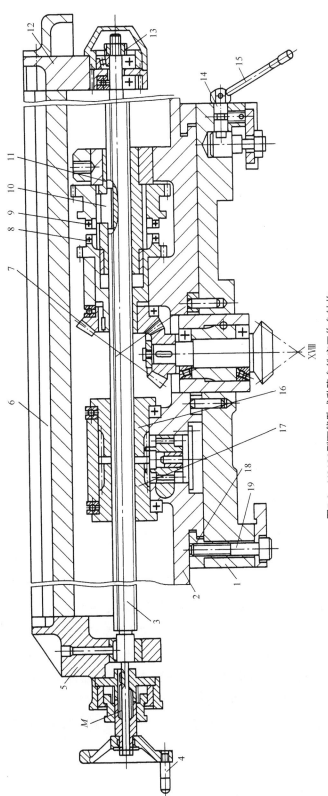

图5-9 X6132型万能卧式升降台铣床工作台结构

1—床鞍；2—回转台；3—纵向进给丝杠；4—纵向工作台手轮；5—前支架；6—工作台；7—圆锥齿轮；
8—左半离合器；9—右半离合器；10—滑键；11—花键套筒；12—后支架；13—调整螺母；
14—偏心轴；15—锁紧床鞍手柄；16—右螺母；17—左螺母；18—弧形压板；19—螺柱

11 用花键连接，花键套筒 11 又与纵向进给丝杠 3 用滑键连接，纵向进给丝杠 3 上铣有长键槽。若扳动纵向工作台操纵手柄，接通左、右半离合器 8、9，则轴 XⅧ 传来的运动经圆锥齿轮副 7、左半离合器 8、右半离合器 9、花键套筒 11 和滑键 10 带动纵向进给丝杠 3 转动。因为与纵向进给丝杠 3 啮合的两个螺母 16 与 17 是固定安装在回转台 2 上的，所以纵向进给丝杠 3 在螺母内转动的同时，又作轴向移动，从而带动工作台 6 实现纵向进给运动。转动纵向工作台手轮 4，可实现工作台 6 手动纵向运动。

4. 工作台纵向进给操纵机构

X6132 型万能卧式升降台铣床工作台纵向进给操纵机构如图 5-10 所示。工作台纵向进给运动，由位于工作台正面中部的手柄 23 操纵。扳动手柄 23，可压合微动开关 SQ_1 或 SQ_2，使进给电动机正转或反转，同时可使右半离合器 4 啮合，实现工作台向右或向左的纵向移动。

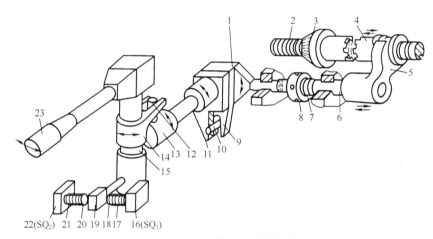

图5-10 工作台纵向进给操纵机构

1—凸块；2—纵向丝杠；3—空套锥齿轮；4—右半离合器；5—拨叉；6—轴；7—弹簧；8—调整螺母；9—摆块下部叉子；
10—销子；11—摆块；12—销；13—转轴；14—摆叉；15—立轴；16—微动开关SQ_1；
17、21—弹簧；18、20—调节螺钉；19—压块；22—微动开关SQ_2；23—手柄

向右扳动手柄 23，使立轴 15 下端压块 19 随之向右摆动，压合微动开关（SQ_1）16，进给电动机正转，同时使手柄 23 中部摆叉 14 逆时针摆动，通过销 12.转轴 13 使摆块 11 绕销子 10 逆时针转动，因凸块 1 与摆块 11 是螺钉连接，所以凸块 1 也作逆时针转动，使其上的凸出部分离开轴 6 左端面，在弹簧 7 的作用下，迫使轴 6 连同拨叉 5 一起向左移动，拨动右半离合器 4 向左移动啮合。同理，当手柄 23 向左扳动时，压合（SQ_2）22 微动开关，进给电动机反转，同时凸块 1 顺时针转动，使凸出部分离开轴 6 左端面，在弹簧 7 的作用下，使拨叉 5 拨动右半离合器 4 向左移动啮合。而当手柄 23 扳至中间位置时，两微动开关均未被压合，进给电动机停止转动，同时凸块 1 转动使其上凸出部分压在轴 6 左端面上，使轴 6 连同拨叉 5 一起右移，拨动右半离合器 4 向右移动，脱开啮合，工作台停止移动。

5. 横向及垂向进给操纵机构

图 5-11 所示为工作台横向和垂向进给操纵机构。工作台横向和垂向进给运动由手柄 1 集中操纵，

因此手柄 1 应具有上、下、前、后、中五个位置。微动开关 SQ_7 用于控制电磁离合器 YV_4 的接通或断开，SQ_8 用于控制电磁离合器 YV_5 的接通或断开，即分别接通或断开工作台横向或垂向进给运动。SQ_3 与 SQ_4 用于控制进给电动机的正、反转，实现工作台向前、向下或向后、向上的进给运动。扳动手柄 1 可使鼓轮 9 轴向移动或摆动，鼓轮圆周上带斜面的槽迫使顶销压下微动开关，接通某一方向的运动。

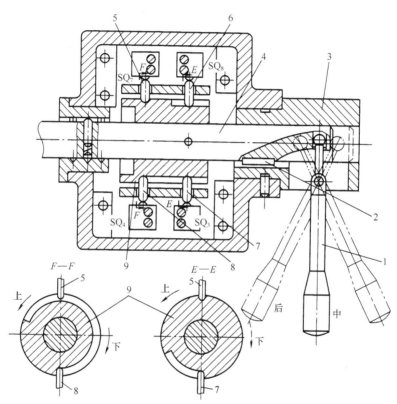

图5-11 工作台的横向和垂向进给操纵机构示意图
1—手柄；2—平键；3—毂体；4—轴；5、6、7、8—顶销；9—鼓轮

向前扳动手柄 1，通过手柄 1 前端球头拨动鼓轮 9 向左移动，顶销 7 被鼓轮斜面压下，使微动开关 SQ_3 压合，进给电动机正转；同时顶销 5 位于鼓轮 9 圆周边缘位置而压下微动开关 SQ_7，电磁离合器 YV_4 通电，压紧摩擦片工作，从而实现工作台向前的横向进给运动。

向后扳动手柄 1，鼓轮 9 向右轴向移动，顶销 8 向下压合微动开关 SQ_4，进给电动机反转，顶销 5 仍处于鼓轮 9 圆周边缘，压合微动开关 SQ_7，仍接通 YV_4，工作台则向后作横向进给运动。

当向上扳动手柄 1 时，通过毂体 3 上的扁槽、平键 2、轴 4 使鼓轮 9 逆时针转动（见图 5-11 $F—F$ 截面），鼓轮 9 上的斜面压下顶销 8，作用于微动开关 SQ_4，进给电动机反转；同时顶销 6 处于鼓轮 9 圆周边缘（见图 5-11 $E—E$ 截面），压合微动开关 SQ_8 使电磁离合器 YV_5 接通，从而实现工作台向上的进给运动。

当向下扳动手柄 1 时，鼓轮 9 作顺时针转动，其上斜面压下顶销 7，作用于微动开关 SQ_3，进给电动机正转；顶销 6 仍处于鼓轮圆周边缘，SQ_8 也被压合，电磁离合器 YV_5 通电工作，从而实现工作台向下的进给运动。

将手柄 1 扳至中间位置，顶销 7、8 同时处于鼓轮槽中，微动开关 SQ_3 和 SQ_4 都处于放松状态，进给电动机停止转动；同时顶销 5、6 也处于鼓轮槽中，使微动开关 SQ_7 和 SQ_8 也处于放松状态，电磁离合器 YV_4、YV_5 断电，于是工作台处于停止进给状态。

二、铣削方式

1. 周铣

用圆柱铣刀的圆周齿进行铣削的方式，称为周铣。周铣有逆铣和顺铣之分，如图 5-12 所示。

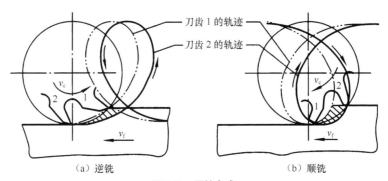

图5-12　周铣方式

（1）逆铣。铣削时，铣刀每一刀齿在工件切入处的速度方向与工件进给方向相反，这种铣削方式称为逆铣。如图 5-12（a）所示。逆铣时，刀齿的切削厚度从零逐渐增大至最大值。刀齿在开始切入时，由于刀齿刃口有圆弧，刀齿在工件表面打滑，产生挤压与摩擦，使这段表面产生冷硬层，至滑行一定程度后，刀齿方能切下一层金属层。下一个刀齿切入时，又在冷硬层上挤压、滑行，这样不仅加速了刀具磨损，同时也使工件表面粗糙值增大。

由于铣床工作台纵向进给运动是用丝杠螺母副来实现的，螺母固定，丝杠带动工作台移动。逆铣时，铣削力的纵向铣削分力与驱动工作台移动的纵向力方向相反，如图 5-13（a）所示。这样使得工作台丝杠螺纹的左侧与螺母齿槽左侧始终保持良好接触，工作台不会发生窜动现象，铣削过程平稳。但在刀齿切离工件的瞬时，铣削力 F 的垂直铣削分力是向上的，对工件夹紧不利，易引起振动。

（2）顺铣。如图 5-12（b）所示，铣削时，铣刀每一刀齿在工件切出处的速度方向与工件进给方向相同，这种切削方式称为顺铣。顺铣时，刀齿的切削厚度从最大逐步递减至零，没有逆铣时的滑行现象，已加工表面的加工硬化程度大为减轻，表面质量较高，铣刀的耐用度比逆铣高。同时铣削力 F 的垂直分力始终压向工作台，避免了工件的振动。

顺铣时，切削力的纵向分力始终与驱动工作台移动的纵向力方向相同，如图 5-13（b）所示。如果丝杠螺母副存在轴向间隙，当纵向切削力大于工作台与导轨之间的摩擦力时，会使工作台带动丝杠出现左右窜动，造成工作台进给不均匀，严重时会出现打刀现象。粗铣时，如果采用顺铣方式加工，则铣床工作台进给丝杠螺母副必须有消除轴向间隙的机构，否则宜采用逆铣方式加工。

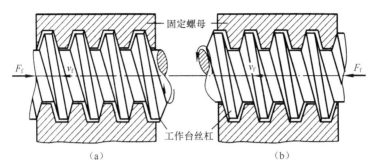

图5-13　丝杠与螺母间隙的影响

2. 端铣

用端铣刀的端面齿进行铣削的方式，称为端铣，如图 5-14 所示，铣削加工时，根据铣刀与工件相对位置的不同，端铣分为对称铣和不对称铣两种。不对称铣又分为不对称逆铣和不对称顺铣。

（1）对称铣。如图 5-14（a）所示，铣刀轴线位于铣削弧长的对称中心位置，铣刀每个刀齿切入和切离工件时切削厚度相等，称为对称铣。对称铣削具有最大的平均切削厚度，可避免铣刀切入时对工件表面的挤压、滑行，铣刀耐用度高。对称铣适用于工件宽度接近面铣刀的直径，且铣刀刀齿较多的情况。

（2）不对称逆铣。如图 5-14（b）所示，当铣刀轴线偏置于铣削弧长的对称位置，且逆铣部分大于顺铣部分的铣削方式，称为不对称逆铣。不对称逆铣切削平稳，切入时切削厚度小，减小了冲击，从而使刀具耐用度和加工表面质量得到提高。它适合于加工碳钢及低合金钢及较窄的工件。

（3）不对称顺铣。如图 5-14（c）所示，其特征与不对称逆铣正好相反。这种切削方式一般很少采用，但用于铣削不锈钢和耐热合金钢时，可减少硬质合金刀具的剥落磨损。

上述的周铣和端铣，是由于在铣削过程中采用不同类型的铣刀而产生的不同铣削方式，两种铣削方式相比，端铣具有铣削较平稳，加工质量及刀具耐用度均较高的特点，且端铣用的面铣刀易镶硬质合金刀齿，可采用大的切削用量，实现高速切削，生产率高。但端铣适应性差，主要用于平面铣削。周铣的铣削性能虽然不如端铣，但周铣可使用多种铣刀，可铣平面、沟槽、齿形和成形表面等，适应范围广，因此生产中应用较多。

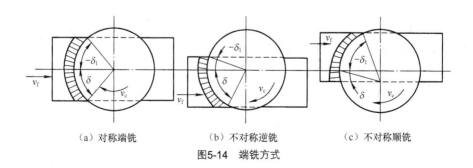

（a）对称端铣　　　　　（b）不对称逆铣　　　　　（c）不对称顺铣

图5-14　端铣方式

知识拓展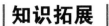

顺铣和逆铣的比较（见表 5-1）

表 5-1　　　　　　　　　　　　　　顺铣和逆铣的比较

项　　目		简　　图	
定义		铣刀接触工件时的旋转方向和工件的进给方向相同的铣削方式叫顺铣	铣刀接触工件时的旋转方向和工件的进给方向相反的铣削方式叫逆铣
对工件的影响	表面粗糙度	细	粗
	加工硬化程度	轻	重
	需要夹紧力	小	大
	进给的均匀性	丝杠、螺母轴向间隙较大时工作台被突然拉动，不均匀	均匀
对刀具磨损的影响		小（有硬皮的工件除外）	大
适用场合		用于丝杠、螺母间隙很小时和铣削水平分力小于工作台导轨间的摩擦力时	一般情况下应用逆铣，尤其当工件表面具有硬皮时

思考与练习

（1）怎样避免顺铣时工作台的轴向窜动？

（2）说明孔盘变速的基本原理。

（3）试分析比较圆柱铣削时顺铣和逆铣各有何特点？应用如何？

任务3　分度头及分度法

任务 3 的具体内容是，了解分度头的用途与结构，掌握简单分度法计算。通过这一具体任务的实施，能够利用分度盘进行分度。

知识点与技能点

（1）分度头的结构。

（2）分度方法。

（3）铣削螺旋槽时的调整计算。

工作情景分析

万能分度头是一种铣床常用附件。它安装在铣床工作台上，用来支撑工件，并通过分度头完成工件的分度、回转一定角度、连续回转等一系列动作，从而在工件上加工出方头、六角头、花键、齿轮、斜面、螺旋槽、凸轮等多种表面，大大扩大了铣床的工艺范围。

相关知识

一、分度头的结构和传动系统

图 5-15 所示为 FW125 型万能分度头的外形及传动系统。万能分度头最基本的功能是使装夹在分度头主轴顶尖与尾座顶尖之间或夹持在卡盘上的工件，依次转过所需的角度，以达到规定的分度要求。它可以完成以下工作。

（1）由分度头主轴带动工件绕其自身轴线回转一定角度，完成等分或不等分的分度工作，用以铣削方头、六角头、直齿圆柱齿轮、键槽、花键等的分度工作。

（2）通过配备挂轮，将分度头主轴与工作台丝杠联系起来，组成一条以分度头主轴和铣床工作台纵向丝杠为两末端件的内联系传动链，用以铣削各种螺旋表面、阿基米德旋线凸轮等。

（3）用卡盘夹持工件，使工件轴线相对于铣床工作台倾斜一定角度，以铣削与工件轴线相交成一定角度的沟槽、平面、直齿锥齿轮、齿轮离合器等。

分度头主轴 2 安装在壳体 4 内、壳体 4 以两侧轴颈支承在底座 9 上，并可绕其轴线回转，使主轴在水平线下 6° 至水平线上 95° 的范围内调整倾斜角度。分度头主轴 2 前端有莫氏锥孔，用于安装支承工件的顶尖 1；主轴前端还有一定位圆锥体，用于安装三爪自定心卡盘。分度头侧轴 6 可装上配换挂轮，以建立与工作台丝杠的运动联系。在分度头侧面可装上分度盘 7，分度盘在若干不同圆周上均布着不同的孔数，转动分度手柄 K，经传动比为 1:1 的圆柱齿轮副和传动比 1:40 的蜗杆蜗轮副，可带动分度头主轴 2 回转至所需分度位置。通过手柄 K 转过的转数，由插销 J 插入所对分度盘 7 上的小孔位置，就可使主轴转过一定角度，进行分度。万能分度常用的分度方法有：直接分度法、简单分度法及差动分度法等。

二、分度方法

1. 直接分度法

当加工工件的等分数目较少，如 2、3、4、6 等分，分度精度要求不高时，一般采用直接分度法进行分度。

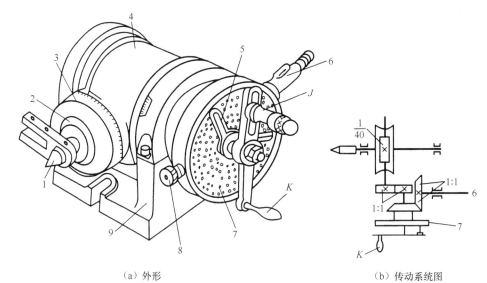

（a）外形　　　　　　　　　　　　　　（b）传动系统图

图5-15　FW125型万能分度头外形及传动系统

1—顶尖；2—分度头主轴；3—刻度盘；4—壳体；5—分度叉；6—分度头侧轴；

7—分度盘；8—锁紧螺钉；9—底座；J—插销；K—分度手柄

分度时，首先松开主轴锁紧机构，脱开蜗杆蜗轮的啮合，再用手直接转动分度头主轴 2 进行分度。主轴所需转过的角度从刻度盘 3 上直接读出。分度完毕后，用锁紧手柄将主轴锁紧，以免加工时转动。

2. 简单分度法

分度头蜗杆蜗轮的传动比为 1∶40，即当与蜗杆同轴的手柄转过一圈时，单头蜗杆前进一个齿距，并带动与它相啮合的蜗轮转动一个轮齿；这样当手柄连续转动 40 圈后蜗轮正好转过一整转。由于主轴与蜗轮相连，故主轴带动工件也转过一整转。如使工件 Z 等分分度，每分度一次，工件（主轴）应转动 $1/Z$ 转，则分度头手柄转数 n_k 与 Z 的关系为

$$1∶40 = \frac{1}{Z} : n_k$$

$$n_k = \frac{40}{Z} \qquad\qquad (5\text{-}1)$$

式中，n_k——手柄转数；

　　　Z——工件等分数。

这种分度方法称为简单分度。

例如，铣齿数 Z=35 的齿轮，需对齿轮毛坯的圆周作 35 等分，每一次分度时，手柄转数为

$$n_k = \frac{40}{Z} = \frac{40}{35} = 1\frac{1}{7}\ （圈）$$

分度时，如果求出的手柄转数不是整数，可利用分度盘上的等分孔距来确定。分度盘一般

备有两块。分度盘的两面各钻有不通的许多圈孔，各圈孔数均不相等，然而同一孔圈上的孔距是相等的。

分度头第一块分度盘正面各圈孔数依次为 24、25、28、30、34、37；反面各圈孔数依次为 38、39、41、42、43。

第二块分度盘正面各圈孔数依次为 46、47、49、51、53、54；反面各圈孔数依次为 57、58、59、62、66。

按上例计算结果，即每分一齿，手柄需转过 $1\frac{1}{7}$ 圈，其中 1/7 圈需通过分度盘来控制。用简单分度法需先将分度盘固定，再将分度手柄上的定位销调整到孔数为 7 的倍数（如 28、42、49）的孔圈上，如在孔数为 28 的孔圈上。此时分度手柄转过 1 整圈后，再沿孔数为 28 的孔圈转过 4 个孔距，即

$$n_k = 1\frac{1}{7} = 1\frac{4}{28}$$

例 5-1　在铣床上铣直齿圆柱齿轮，其齿数为 36，问如何分度？（分度盘的孔圈有 54、57、58、59、62、66）

解：

$$n_k = \frac{40}{Z} = \frac{40}{36} = 1\frac{1}{9} = 1\frac{6}{54} 转$$

即在孔圈数为 54 的孔圈上，手柄转过 1 圈后，再沿孔数为 54 的孔圈上转过 6 个孔间距，即可铣第 2 个齿槽。

为了确保手柄转过的孔距数可靠，可调整分度盘上的扇形夹 1、2 间的夹角（见图 5-16），使之正好等于分子的孔距数，这样依次进行分度时就可准确无误。

3. 差动分度法

由于分度盘的孔圈数有限，当工件等分数与 40 不能约分，也找不到与等分数相等的孔圈孔数时，则不能采用简单分度法分度，如 67、71、73 等大于 63 的质数。此时，可采用差动分度法分度。差动分度可达到任意等分。

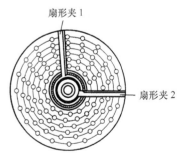

图5-16　分度盘孔数调整

差动分度法是在分度头主轴后面装上挂轮轴，用挂轮把主轴和侧轴联系起来，同时松开分度盘紧固螺钉，当转动分度手柄时，分度盘则相对于分度手柄以相反或相同的方向转过一个角度，从而使分度手柄实际转数为分度手柄相对分度盘与分度盘本身转数之和。具体分度时，可选择一个与要求等分数相接近的能进行简单分度的假定等分数，分度头手柄转数 n' 按假定等分数进行简单分度。而要求分度盘多转或少转的补偿转数，通过计算后由挂轮来实现。这样，在按假定等分数摇动分度头手柄的同时，使分度头手柄的实际转数是分度手柄相对分度盘与分度盘本身转数之和，从而实现差动分度。

差动分度法的工作原理如图 5-17 所示，设工件等分数为 Z（Z 为大于 63 的质数），每次分度时分度手柄应转 $\dfrac{40}{Z}$ 转，分度头主轴应转 $\dfrac{1}{Z}$ 转，分度插销 J 应从 A 转至 C。但因分度盘 C 处无孔，因而插销 J 无法插入。若另取一假设等分数 Z_0（Z_0 与 Z 接近，并能进行简单分度），则手柄转数 $n = \dfrac{40}{Z_0}$ 转。分度时，插销从 A 点转至 B 点插入孔中。若此时分度盘 7 仍然固定不动，那么手柄的转数不是所要求的 $\dfrac{40}{Z}$ 转而是 $\dfrac{40}{Z_0}$ 转，其误差为（$\dfrac{40}{Z} - \dfrac{40}{Z_0}$）转。为补偿这一差值，可使分度手柄 K 转动的同时，分度盘 7 也转过一定的角度，即使 B 处小孔转至 C 处，以供插销 J 定位，就可以实现工件要求的等分数 Z。在轴 I 与轴 II 间装上交换齿轮，通过分度头的传动系统实现这一差值的补偿。

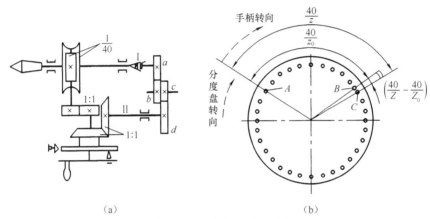

（a）　　　　　　　　　　　　　　（b）

图5-17　差动分度工作原理

　　手柄与分度盘之间的运动关系为

　　手柄转 $\dfrac{40}{Z}$ 转，则分度盘转（$\dfrac{40}{Z} - \dfrac{40}{Z_0}$）$= \dfrac{40(Z_0 - Z)}{ZZ_0}$ 转

　　列出运动平衡方程式：

$$\frac{40}{Z} \times \frac{1}{1} \times \frac{1}{40} \times \frac{a}{b} \times \frac{c}{d} \times \frac{1}{1} = \frac{40(Z_0 - Z)}{ZZ_0}$$

化简后得置换公式：

$$\frac{a}{b} \times \frac{c}{d} = \frac{40(Z_0 - Z)}{Z_0} \tag{5-2}$$

式中，　　Z——工件所需等分数；

　　　　　　Z_0——假定等分数（Z_0 接近于 Z，且 Z 利用简单分度法进行分度）；

a、b、c、d——配换挂轮齿数。

　　当 $Z_0 < Z$ 时配换挂轮传动比为负值，说明手柄与分度头转向相反；

　　当 $Z_0 > Z$ 时配换挂轮传动比为正值，说明手柄与分度头转向相同。

　　若方向与上述要求不符时，可在挂轮中加上介轮。

例 5-2 在卧式铣床上用 FW 125 型万能分度头铣削齿数为 83 的链轮，试计算分度手柄转数和交换齿轮齿数。

（1）计算分度手柄转数。

取假设等分数 $Z_0=90(Z_0>Z)$，则
$$n_k=\frac{40}{Z_0}=\frac{40}{90}=\frac{4}{9}=\frac{28}{63}$$

（2）计算交换齿轮齿数。

$$\begin{aligned}\frac{a}{b}\times\frac{c}{d}&=\frac{40(Z_0-Z)}{Z_0}\\&=\frac{40}{90}\times(90-83)\\&=\frac{4}{9}\times7\\&=\frac{7}{3}\times\frac{4}{3}\\&=\frac{56}{24}\times\frac{32}{24}\end{aligned}$$

按 FW125 型万能分度头说明书规定，当 $Z_0>Z$ 时，交换齿轮中间加一个介轮；$Z_0<Z$ 时，不加介轮。

因而，每次分度时，分度手柄在 63 的孔圈中转 28 个孔间距；轴 I—II 间的配换交换齿轮 $a=56$、$b=24$、$c=32$、$d=24$。

三、铣削螺旋槽时的调整计算

图 5-18 所示为铣削螺旋槽的调整与分度头的传动系统。

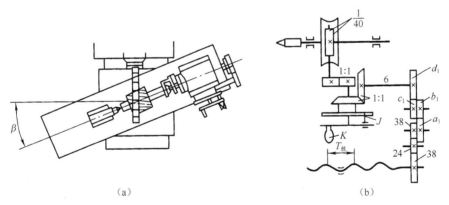

（a）   （b）

图5-18　铣削螺旋槽的调整

（1）在万能卧式升降台铣床上铣削螺旋槽时，对机床和分度头应进行以下调整工作。将工件支承在分度头主轴与尾座上的两顶尖之间，扳动工作台绕垂直轴线偏转一工件的螺旋角 β，使铣刀的旋转平面与工件的螺旋槽方向一致，如图 5-18（a）所示。左螺旋槽工件，工作台顺时针转 β 角；右螺旋槽工件，工作台逆时针转 β 角。在立式铣床上铣螺旋槽时，工作台不必转角度。

（2）在工作台纵向进给丝杠与分度头主轴之间搭配交换齿轮，使工作台纵向移动的同时，分度

头主轴能带动工件绕自身轴线连续转动，形成螺旋线。

（3）加工多头螺旋槽时，铣完第一槽后分度，再铣第二槽，依此类推，铣削出全部螺旋槽。分度时，应将工件从工作位置退出，并拔出插销，断开分度头主轴与纵向丝杠之间的运动联系，然后用简单分度法进行分度。

可见，为了在铣螺旋槽时，保证工件的直线移动与其绕自身轴线回转之间保持一定运动关系，由挂轮组将进给丝杠与分度头主轴之间的运动联系起来，构成了一条内联系传动链，该传动链的两端件及运动关系为：工件移动一螺旋线导程 T(mm)时，工件转 1 转。

由此，根据图 5-18（b）所示铣削螺旋槽时的传动系统，可列出运动平衡式：

$$\frac{T}{T_{丝杠}} \times \frac{38}{24} \times \frac{24}{38} \times \frac{a_1}{b_1} \times \frac{c_1}{d_1} \times \frac{1}{1} \times \frac{1}{1} \times \frac{1}{40} = 1_{工件}$$

将上式化简后，导出换置公式：

$$\frac{a_1}{b_1} \times \frac{c_1}{d_1} = \frac{40T_{丝杠}}{T} \tag{5-3}$$

式中， $T_{丝杠}$——工作台纵向进给丝杠导程（X6132 型万能卧式升降台铣床 $T_{丝杠}$=6 mm）；

$\dfrac{T}{T_{丝杠}}$——工作台移动一螺旋线导程 T(mm)时，纵向进给丝杠的转数；

a、b、c、d——纵向进给丝杠与分度头主轴之间的交换齿轮。

例如，在 X6132 型万能卧式升降台铣床上用 FW125 型万能分度头铣削右旋圆柱铣刀容屑槽，铣刀外径 $D_刀$=63 mm、螺旋角 β=30°、齿数 Z=14，试进行调整计算。

（1）求工件导程 T。

$$T = \frac{\pi D}{\tan \beta} = \frac{63\pi}{\tan 30°} \text{ mm} = \frac{63\pi}{0.577\,735} \text{ mm} = 342.8 \text{ mm}$$

（2）交换齿轮齿数计算。

$$\frac{a_1}{b_1} \times \frac{c_1}{d_1} = \frac{40T_{丝杠}}{T} = \frac{40 \times 6}{342.8} = \frac{240}{342.8} \approx \frac{7}{10} = \frac{7}{5} \times \frac{1}{2} = \frac{56}{40} \times \frac{24}{48} \quad （工件为右旋，不加介轮）$$

（3）计算分度手柄转数。

$$n_k = \frac{40}{Z} = \frac{40}{14} = 2 + \frac{6}{7} = 2 + \frac{54}{63}$$

（4）工作台的调整。因工件为右螺旋槽，故将工作台逆时针扳转（站在工作台正面用右手推工作台）一工件螺旋角 30°。

知识拓展

分度头的使用和维护

分度头是铣床的精密附件，必须正确使用和维护才能保持精度并延长使用寿命。使用和维护应注意以下几点。

（1）分度前松开主轴紧固手柄，分度完毕应及时拧紧，只有在铣削螺旋面时，主轴作连续转动才不用紧固。

（2）分度手柄应顺时针方向转动，转动时速度要均匀。若转过了预定位置，应反转半圈以上，再按原方向转到规定位置。

（3）定位销应慢慢插入孔内，切勿让定位销自动弹入。

（4）安装分度头时不得随意敲打，应经常保持清洁并做好润滑工作，存放时应将外露的加工表面涂上防锈油。

思考与练习

（1）利用万能分度头可以加工哪些零件？它的主要功用是什么？

（2）铣削齿数 $Z=32$ 的直齿圆柱齿轮，试计算每次分度时应选择分度盘孔圈的孔数及转过的孔距数？

任务4　其他类型铣床

任务4的具体内容是，了解其他类型的铣床。通过这一具体任务的实施，能对铣床的发展有所认识。

知识点与技能点

（1）立式升降台铣床。

（2）龙门铣床。

（3）万能工具铣床。

（4）圆台铣床。

工作情景分析

铣床的类型很多，主要类型有卧式升降台铣床、立式升降台铣床、工作台不升降铣床、龙门铣床、工具铣床。此外，还有仿形铣床、仪表铣床和各种专门化铣床（如键槽铣床、曲轴铣床）等。随着机床数控技术的发展，数控铣床、镗铣加工中心的应用也越来越普遍。

相关知识

一、立式升降台铣床

立式升降台铣床与卧式升降台铣床的主要区别仅在于它的主轴是垂直安置的，可用各种端铣刀（亦称面铣刀）或立铣刀加工平面、斜面、沟槽、台阶、齿轮、凸轮以及封闭的轮廓表面等。图 5-19 所示为常见的一种立式升降台铣床外形图，其工作台 3、床鞍 4 及升降台 5 与卧式升降台铣床相同。立铣头 1 可在垂直平面内旋转一定的角度，以扩大加工范围，主轴 2 可沿轴线方向进行调整或作进给运动。这种铣床可用端铣刀或立铣刀加工平面、斜面、沟槽、台阶、齿轮和凸轮等表面。

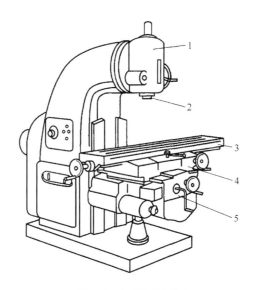

图5-19　立式升降台铣床
1—立铣头；2—主轴；3—工作台；4—床鞍；5—升降台

二、龙门铣床

龙门铣床是一种大型高效能通用机床，主要用于加工各类大型工件上的平面、沟槽，它不仅对工件可以进行粗铣、半精铣，也可以进行精铣加工。图 5-20 所示为具有 4 个铣头的中型龙门铣床。四个铣头分别安装在横梁和立柱上，并可单独沿横梁或立柱的导轨作调整位置的移动。每个铣头即是一个独立的主运动部件，又能由铣头主轴套筒带动铣刀主轴沿轴向实现进给运动和调整位置的移动，根据加工需要每个铣头还能旋转一定的角度。加工时，工作台带动工件作纵向进给运动，其余运动均由铣头实现。由于龙门铣床的刚性和抗振性比龙门刨床好，它允许采用较大切削用量，并可用几个铣头同时从不同方向加工几个表面，机床生产效率高，因此在成批和大量生产中得到广泛应用。龙门铣床的主参数是工作台面宽度。

三、万能工具铣床

万能工具铣床用得比较多，在工模具制造车间需要加工具有各种角度的表面以及一些比较复杂的型面。图 5-21 所示为万能工具铣床，图 5-21（a）所示为安装着主轴座 1、固定工作台 2、升降台 3 的机床。此时，机床的功能与卧式升降台铣床相似，只是横向进给运动由主轴座的水平移动来实现，纵向进给运动及垂直进给运动分别由工作台 2 和升降台 3 实现。

根据加工需要，机床还可安装其他附件，图 5-21（b）所示为可倾斜工作台，图 5-21（c）所示为回转工作台，图 5-21（d）所示为平口钳，图 5-21（e）所示为分度装置，图 5-21（f）所示为立铣头，图 5-21（g）所示为插销头。

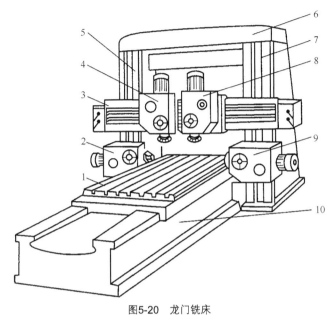

图5-20　龙门铣床

1—工作台；2、9—水平铣头；3—横梁；4、8—垂直铣头；5、7—立柱；6—龙门架；10—床身

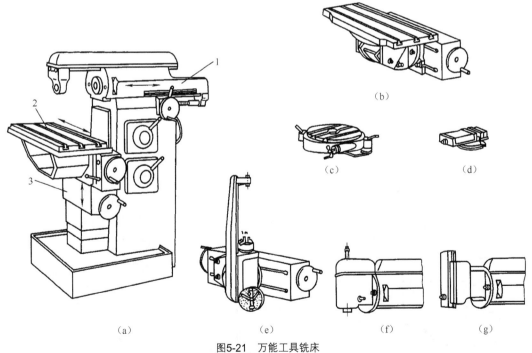

（a）　　　　　　　　　（e）　　　　　　　（f）　　　　　　（g）

图5-21　万能工具铣床

1—主轴座；2—固定工作台；3—升降台

四、圆台铣床

圆台铣床可分为单轴和双轴两种型式，图 5-22 所示为双轴圆形工作台铣床，主轴箱 2 的两个主

轴上分别安装粗铣和半精铣的端铣刀，用于粗铣和半精铣平面。滑座 6 可沿床身的导轨横向移动，以调整工作台 5 与主轴间的横向位置。主轴箱 2 可沿支柱 4 的导轨升降。主轴也可在主轴箱中调整其轴向位置，以使刀具与工件的相对位置准确。

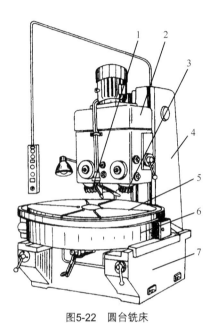

图5-22 圆台铣床
1—主轴；2—主轴箱；3—主轴；4—支柱；5—圆工作台；6—滑座；7—底座

知识拓展

镗铣加工中心

镗铣加工中心是一种带有刀库和自动换刀装置的数控铣床。如图 5-23 所示。通过自动换刀，

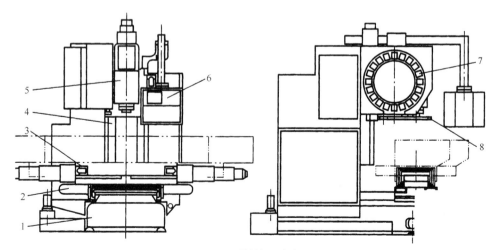

图5-23 镗铣加工中心
1—床身；2—滑座；3—工作台；4—立柱；5—主轴箱；6—操作面板；7—刀库；8—换刀机械手

可使工件在一次装夹后，自动连续完成铣削、钻孔、镗孔、铰孔、攻螺纹、切槽等加工，如果加工中心带有自动分度回转台，则还可使工件在一次装夹后自动完成多个平面的多工序加工。因此，加工中心除可加工各种复杂曲面外，还特别适用于各种箱体类和板类等复杂零件的加工。与传统的机床比较，采用加工中心在提高加工质量和生产效率、减少加工成本等方面，效果显著。

思考与练习

（1）立式铣床与卧式铣床的区别是什么？

（2）常用铣床及铣床附件有哪几种？各自的主要用途是什么？

Chapter 6

项目六

| 磨床 |

M1432B 型万能外圆磨床

任务 1 的具体内容是，了解磨床的结构，掌握外圆磨床的典型加工方法，掌握磨床的机械传动系统。通过这一具体任务的实施，能够掌握磨床的圆周进给运动、工作台的手动纵向直线移动、砂轮架的横向手动进给运动的相关知识。

知识点与技能点

（1）M1432B 型万能外圆磨床的结构。

（2）外圆磨床的典型加工方法。

（3）M1432B 型万能外圆磨床的机械传动系统。

工作情景分析

用砂轮或其他磨具对工件进行磨削加工的机床称为"磨床"，磨床主要用于淬硬钢零件的加工。通过磨削加工可获得高精度和低粗糙度的表面，在一般情况下，它是机械加工的最后一道工序。磨削过程中，由于切削速度很高，产生大量切削热，温度超过 1 000℃。同时，高温的磨屑在空气中发生氧化作用，产生火花。在如此高的温度下，将会使零件材料性能改变而影响质量。为减少摩擦和迅速散热，降低磨削温度，及时冲走屑末，保证零件表面质量，磨削时需使用大量切削液。磨削加工的范围很广，如图 6-1 所示。

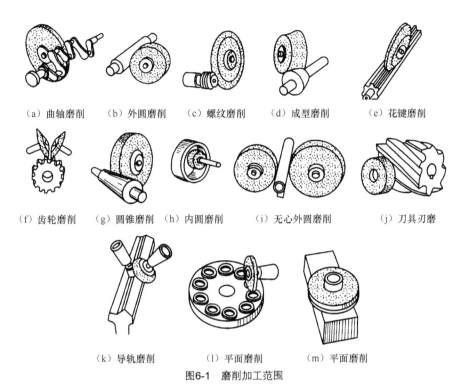

（a）曲轴磨削　　（b）外圆磨削　　（c）螺纹磨削　　（d）成型磨削　　　（e）花键磨削

（f）齿轮磨削　（g）圆锥磨削　（h）内圆磨削　（i）无心外圆磨削　　（j）刀具刃磨

（k）导轨磨削　　　　（l）平面磨削　　　　（m）平面磨削

图6-1　磨削加工范围

相关知识

M1432B 型万能外圆磨床主要用于磨削内外圆柱表面、内外圆锥表面、阶梯轴轴肩和端面、简单的成形回转体表面等。它属于普通精度级机床，磨削加工精度可达 IT5~IT6 级，表面粗糙度为 $Ra0.2\sim0.4\mu m$。M1432B 型万能外圆磨床的自动化程度较低，磨削效率不高，所以该机床适用于工具车间、机修车间和单件、小批生产车间。

一、磨床的结构组成

M 1432B 型万能外圆磨床的外形如图 6-2 所示，它由下列主要部件组成。

1. 床身

床身 1 是磨床的基础支承件。床身前部的导轨上安装有工作台 3，工作台台面上装有工件头架 2 和尾座 6。床身后部的横向导轨上装有砂轮架 5。

2. 工件头架

工件头架 2 是装有工件主轴并驱动工件旋转的箱体部件，由头架电动机驱动，经变速机构使工件产生不同速度的旋转运动，以实现工件的圆周进给运动。头架体座可绕其垂直轴线在水平面内回转，按加工需要在逆时针方向 90°范围内作任意角度调整，以磨削锥度大的短锥体零件。

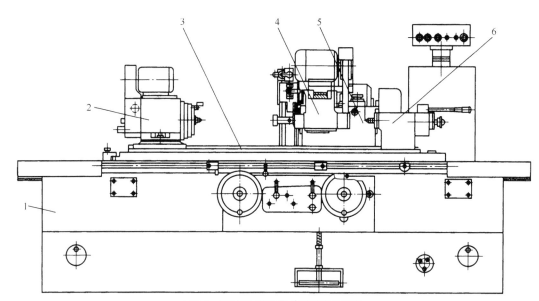

图6-2　M1432B型万能外圆磨床外形图

1—床身；2—工件头架；3—工作台；4—内圆磨具；5—砂轮架；6—尾座

3. 工作台

工作台 3 通过液压传动作纵向直线往复运动，使工件实现纵向进给。工作台分上、下两层，上工作台可相对于下工作台在水平面内顺时针最大偏转 3°，规格为最大磨削长度 750mm 的磨床可逆时针最大偏转 8°，规格为最大磨削长度 1 000mm 的磨床可逆时针最大偏转 7°，规格为最大磨削长度 1 500mm 的磨床可逆时针最大偏转 6°，以便磨削锥度小的长锥体零件。

4. 砂轮架

砂轮架 5 由主轴部件和传动装置组成，安装在床身后部的横导轨上，可沿横导轨作快速横向移动。砂轮的旋转运动是磨削外圆的主体运动。砂轮架可绕垂直轴线转动 ±30°，以磨削锥度大的短锥体零件。

5. 内圆磨具

内圆磨具 4 用于磨削内孔，其上的内圆磨砂轮由单独的电动机驱动，以极高的转速作旋转运动。磨削内孔时，将内圆磨具翻下对准工件，即可进行内圆磨削工作。

6. 尾座

尾座 6 的顶尖与头架 2 的前顶尖一起支承工件。

二、磨床的主要技术性能

外圆磨削直径	$\phi 8 \sim \phi 320$ mm
外圆最大磨削长度(共有三种规格)	750mm；1 000mm；1 500 mm
内孔磨削直径	$\phi 30 \sim \phi 100$ mm
内孔最大磨削深度	125 mm
磨削工件最大重量	150kg

砂轮尺寸(外径×宽度×内径)	ϕ400mm×50mm×ϕ203 mm
砂轮转速	1600 r／min
砂轮架回转角度	±30°

头架主轴转速(6级) 25 r／min；50r／min；75 r／min；110 r／min；150r／min；220 r／min

头架体座可能回转角度	+90°
内圆砂轮转速	10 000r／min；15 000 r／min

内圆砂轮尺寸

最大	ϕ50mm×25 mm×ϕ13 mm
最小	ϕ17 mm×20mm×ϕ6 mm
工作台纵向移动速度(液压无级调速)	4～0.1 m／min
液压主油路调整压力	0.9～1.1 MPa
砂轮架主电动机	5.5 kW 1 500 r／min
头架电动机	0.55／1.1 kW 750r／min；1 500 r／min
内圆磨具电动机	1.1 kW 3 000 r／min

机床外形尺寸(三种规格)

长度	3 105 mm；3 605 mm；4 605 mm
宽度	1 810 mm
高度	1515 mm
机床重量(三种规格)	3 600 kg；3 700 kg；4 300 kg

三、外圆磨床的典型加工方法

外圆磨削是一种基本的磨削方法，它适于轴类及外圆锥零件的外表面磨削。在外圆磨床上磨削外圆常用的方法有纵磨法、横磨法和综合磨法 3 种。

1. 纵磨法

如图 6-3（a）所示，磨削时，砂轮高速旋转起切削作用（主运动），零件转动（圆周进给）并与工作台一起作往复直线运动（纵向进给），当每一纵向行程或往复行程终了时，砂轮作周期性横向进给。每次背吃刀量很小，磨削余量是在多次往复行程中磨去的。当零件加工到接近最终尺寸时，采用无横向进给的几次光磨行程，直至火花消失为止，以提高零件的加工精度。纵向磨削的特点是具有较大适应性，一个砂轮可磨削长度不同的直径不等的各种零件，且加工质量好，但磨削效率较低。目前生产中，特别是单件、小批生产以及精磨时广泛采用这种方法，尤其适用于细长轴的磨削。

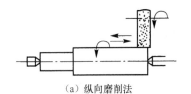

（a）纵向磨削法

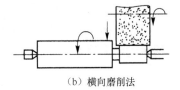

（b）横向磨削法

图6-3 外圆磨削

2. 横磨法

如图 6-3（b）所示，横磨削时，采用砂轮的宽度大于零件表面的长度，零件无纵向进给运动，而砂轮以很慢的速度连续地或断续地向零件作横向进给，直至余量被全部磨掉为止。横磨的特点是生产率高，但精度及表面质量较低。该法适于磨削长度较短、刚性较好的零件。当零件磨到所需的尺寸后，如果需要靠磨台肩端面，则将砂轮退出 0.005～0.01 mm，手摇工作台纵向移动手轮，使零件的台端面贴靠砂轮，磨平即可。

3. 综合磨法

综合磨法是先用横磨分段粗磨，相邻两段间有 5～15mm 重叠量，然后将留下的 0.01～0.03mm 余量用纵磨法磨去。当加工表面的长度为砂轮宽度的 2～3 倍以上时，可采用综合磨法。综合磨法能集纵磨、横磨法的优点为一身，既能提高生产效率，又能提高磨削质量。

四、磨床的机械传动系统

M1432B 型万能外圆磨床各部件的运动由液压和机械传动装置来实现。其中工作台纵向往复直线进给运动、砂轮架的快速前进和后退运动、砂轮架自动周期进给运动、砂轮架丝杠螺母间隙消除机构、尾座套筒伸缩运动以及工作台的液动与手动互锁机构等均由液压传动配合机械装置来实现，其他运动由机械传动系统完成。图 6-4 所示为此磨床的机械传动系统图。

1. 工件头架主轴的圆周进给运动

工件头架主轴由双速电动机驱动，经 Ⅰ—Ⅱ 轴间的一级带传动变速，Ⅱ—Ⅲ 轴间的三级带传动变速和 Ⅲ—Ⅳ 轴间的带传动，使头架主轴获得 25～220 r / min 的六种不同的转速。其传动路线表达式为

$$
\text{头架电动机 Ⅰ} - \frac{\phi60}{\phi178} - \text{Ⅱ} - \begin{bmatrix} \dfrac{\phi172.7}{\phi95} \\[4pt] \dfrac{\phi178}{\phi142.4} \\[4pt] \dfrac{\phi75}{\phi173} \end{bmatrix} - \text{Ⅲ} - \frac{\phi46}{\phi179} - \text{拨盘（工件）}
$$

2. 砂轮架主轴的旋转主体运动

砂轮架主轴由 5.5kW、1 500r / min 的主电动机驱动，经带传动使主轴获得 1 600 r / min 的高转速。

3. 内圆磨具主轴的旋转主体运动

内圆磨具主轴由内磨装置上的 1.1kW、3 000r / min 的电动机驱动，经平带直接传动，更换带轮，可使主轴获得 10 000 r / min 和 15 000 r / min 两种转速。

内圆磨具安装在内圆磨具支架上，为了保证工作安全，内圆磨削砂轮电动机的起动和内圆磨具支架的位置有联锁作用，即只有支架翻到磨削内圆的工作位置时，电动机才能启动，同时砂轮架快速进退手柄在原位置上自动锁住，这时砂轮架不能快速移动。

4. 工作台的手动纵向直线移动

为了调整机床及磨削阶梯轴的台阶，还可用手轮 A 来操纵工作台的手动纵向直线移动。其传动路线表达式为：

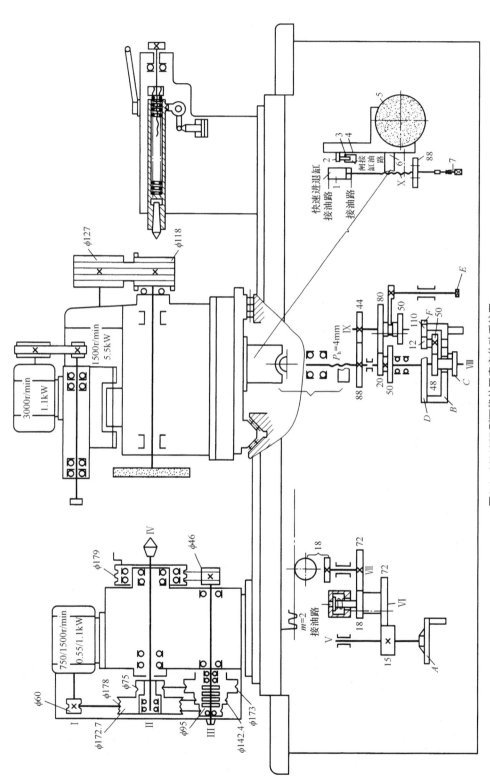

图6-4 M1432B型万能外圆磨床传动系统图

1—液压缸；2—挡块；3—柱塞；4—闸缸；5—砂轮；6—半螺母；7—定位螺钉

其传动路线表达式为

$$手轮 A—V—\frac{15}{72}—VI—\frac{18}{72}—VII—齿轮(Z_{18})齿条副(工作台纵向移动)$$

手轮 A 转一转时，工作台的纵向移动量 f 为

$$f=1\times\frac{15}{72}\times\frac{18}{72}\times18\times2\times\pi\approx6\text{ mm}$$

手摇机构中设置了互锁液压缸，当工作台由液压传动驱动时，互锁液压缸的上腔通压力油，使齿轮副 $\frac{18}{72}$ 脱开啮合，手动纵向直线移动运动不能实现；当工作台不用液压传动驱动时，互锁液压缸上腔通油箱，在液压缸内弹簧力的作用下，齿轮副 $\frac{18}{72}$ 重新啮合传动，此时转动手轮 A，经齿轮副 $\frac{15}{72}$、$\frac{18}{72}$ 和齿轮（$Z=18$）齿条副，实现工作台手动纵向直线移动运动。

5. 砂轮架的横向手动进给运动

砂轮架的横向手动进给运动由手轮 B 来操纵，分粗进给和细进给两种。其传动路线表达式为：

$$手轮 B—VIII—\begin{bmatrix}\dfrac{50}{50}\\[4pt]\dfrac{20}{80}\end{bmatrix}—IX—\frac{44}{88}—丝杠（T=4\text{mm}，滑鞍及砂轮架横向进给）$$

细进给时，将手柄 E 拉到图示位置，转动手轮 B，直接传动轴VIII，经 $\frac{20}{80}$ 和 $\frac{44}{88}$ 齿轮副、丝杠，使砂轮架作横向细进给运动；粗进给时，将手柄 E 向前推，使齿轮副 $\frac{50}{50}$ 啮合传动，则砂轮架作横向粗进给运动。

粗进给时，手轮 B 转一圈，砂轮架横向移动量为 2mm，手轮 B 刻度盘 D 的圆周分为 200 格，故刻度盘 D 每格的进给量为 0.01mm。细进给时，手轮 B 每转一圈，砂轮架横向移动量为 0.5mm，这时刻度盘 D 每格的进给量为 0.0025mm。

知识拓展

磨削过程

磨削时，由于径向分力的作用，致使磨削时工艺系统在工件径向产生弹性变形，使实际磨削深度与每次的径向进给量有所差别，所以，实际磨削过程如图 6-5 所示，可分为三个阶段。

1. 初磨阶段

在砂轮最初的几次径向进给中，由于工艺系统的弹性变形，实际磨削深度比磨床刻度所显示的径向进给量要小，工艺系统刚性愈差，此阶段愈长。

2．稳定阶段

随着径向进给次数的增加，机床、工件、夹具工艺系统的弹性变形抗力也逐渐增大。直至上述工艺系统的弹性变形抗力等于径向磨削力时，实际磨削深度等于径向进给量，此时进入稳定阶段。

3．光磨阶段

当径向进给量达到磨削余量时，径向进给运动停止。由于工艺系统的弹性变形逐渐恢复，实际径向进给量并不为零，而是逐渐减小。因此，在无切入情况下，经过数次轴向往复进给，磨削火花逐渐

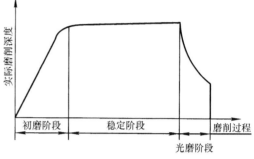

图6-5　磨削过程的三个阶段

消失，使实际磨削量达到磨削余量，砂轮的实际径向进给量逐渐趋于零。与此同时，工件的精度和表面质量也在这一光磨过程中逐渐提高。

因此，在开始磨削时，可采用较大的径向进给量，压缩初磨和稳定阶段以提高生产效率。适当的增长光磨时间，可更好地提高工件的表面质量。

思考与练习

（1）磨削外圆时常用的方法有几种？各适用于什么情况？

（2）磨床的进给运动有哪几种？

磨床的主要结构

任务2的具体内容是，了解砂轮架、内圆磨具、工件头架、尾座、横向进给机构和工作台的结构。通过这一具体任务的实施，能够掌握磨床主要部件结构的相关知识。

知识点与技能点

（1）砂轮架。

（2）内圆磨具。

（3）工件头架。

（4）尾座。

（5）横向进给机构。

（6）工作台。

工作情景分析

在外圆磨削中，磨床应具有支承并带动工件回转及往复运动的功能；应具有砂轮高速回转并能实现进给位移的功能。这些是完成外圆磨削的基本功能，实现这些功能的部件包括砂轮架、工件头架、尾架、工作台等。这些部件的独特结构设计是保证其加工精度的关键部件。

相关知识

一、砂轮架

M1432B 型万能外圆磨床砂轮架结构如图 6-6 所示。砂轮主轴部件直接影响工件的精度和表面质量，应具有高的回转精度、刚度、抗振性及耐磨性，是砂轮架部件的关键部分。砂轮主轴 8 的径向支承采用短四瓦动压滑动轴承进行支承。每个滑动轴承由四块包角约 60° 的扇形轴瓦 5 组成，四块轴瓦均布在轴颈周围，且轴瓦上的支承球面凹孔与轴瓦沿圆周方向的中心有一约 5°30′ 的夹角，亦

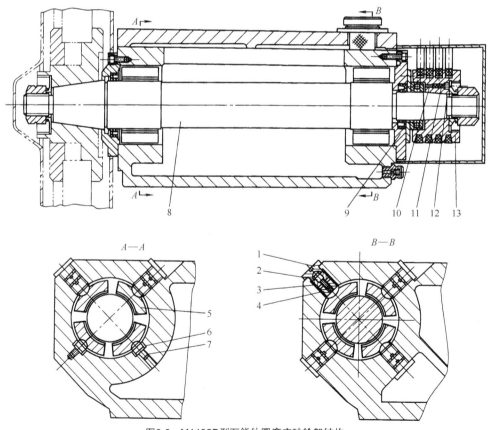

图6-6　M1432B型万能外圆磨床砂轮架结构

1—封口螺钉；2—锁紧螺钉；3—螺套；4—球头螺钉；5—轴瓦；6—密封圈；
7—轴瓦支承球头销；8—砂轮主轴；9—轴承盖；10—销子；
11—弹簧；12—螺钉；13—带轮

即支承球面凹孔中心在周向偏离轴瓦对称中心。由于采用球头支承，所以轴瓦可以在球头螺钉 4 和轴瓦支承球头销 7 上自由摆动，有利于高速旋转时主轴和轴瓦间形成油楔，并依靠油楔的节流作用产生静压效果，形成油膜压力。轴颈周围均布着四个独立的压力油楔，产生四个独立的压力油膜区，使轴颈悬浮在四个压力油膜区之中，不与轴瓦直接接触，减少了主轴与轴承配合面间的磨损，并使主轴保持较高的回转精度。当由于磨削载荷的作用，砂轮主轴偏向某一块轴瓦时，这块轴瓦的油楔变小，油膜压力升高；而对应的另一方向的轴瓦油楔则变大，油膜压力减小。这样，油膜压力的变化，会使砂轮主轴自动恢复到原平衡位置，即四块轴瓦的中心位置。由此可见，该轴承的刚度较高。

主轴与轴承间的径向间隙可通过球头螺钉 4 来调整。调整时，先依次卸下封口螺钉 1、锁紧螺钉 2 和螺套 3，然后旋转球头螺钉 4 至适当位置，使主轴与轴承的间隙保持在 0.01～0.02mm。调整完毕，依次装好螺套 3、锁紧螺钉 2 和封口螺钉 1，以保证支承刚度。一般情况下只调整位于主轴下部（或上部）的两块轴瓦即可，如果调整这两块轴瓦后仍不能满足要求，则需对其余两块轴瓦也进行调整，直至满足旋转精度的要求。但应注意的是，四块轴瓦同时调整时，应在轴瓦上做好相应的标记，保证在调整后装配时，轴瓦保持原来的位置。

砂轮主轴 8 向右的轴向力通过主轴右端轴肩作用在轴承盖 9 上，向左的轴向力通过带轮 13 中的六个螺钉 12、经弹簧 11、销子 10 以及推力球轴承，最后传递到轴承盖 9 上。弹簧 11 可用来给推力球轴承预加载荷。

砂轮架体壳内装润滑油（通常为 2 号主轴油），以润滑主轴轴承，油面高度从圆形油窗观察。砂轮主轴两端用橡胶密封圈实现密封。

装在砂轮主轴上的零件如带轮、砂轮压紧盘、砂轮等都应仔细平衡，四根三角带的长度也应一致，否则易引起砂轮主轴的振动，直接影响磨削表面的表面质量。

砂轮架用 T 形螺钉紧固在滑鞍上，它可绕滑鞍的定心圆柱销在 ±30° 范围内调整角度位置。加工时，滑鞍带着砂轮架沿垫板上的导轨作横向进给运动。

二、内圆磨具

图 6-7 所示为内圆磨具结构图，内圆磨具安装在支架的孔中，不工作时，内圆磨具支架翻向上方。

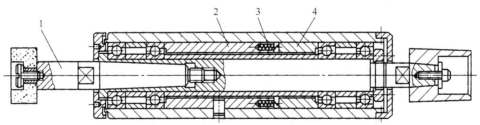

图6-7 M1432B型万能外圆磨床内圆磨具
1—接长杆；2、4—套筒；3—弹簧

内圆磨具有下列特点。

（1）磨削内圆时，因砂轮直径大小受到限制，要达到足够的磨削线速度，就需要砂轮轴具有很高的转速。因此，内圆磨具应保证高转速下运转平稳，主轴轴承应有足够的刚度和寿命。目前采用平带传动或内联原动机传动内圆磨具主轴。图 6-7 中的主轴前、后轴承各用两个 P5 级精度的角接触球轴承，用弹簧 3 通过套筒 2 和 4 进行预紧。

（2）当被磨削内孔的长度不同时，接长杆 1 可以更换。但由于受结构的限制，接长杆轴颈较细而悬伸又较长，因此刚度较差，是内圆磨具中刚度最薄弱的环节。为了克服这个缺点，某些专用磨床的内圆磨具常改成固定轴形式。

三、工件头架

图 6-8 所示为工件头架的装配图。头架主轴 10 和前顶尖根据不同的工作需要，可以设置成转动或不转动。当用前后顶尖支承工件磨削时，拨盘 9 上的拨杆 20 拨动工件夹头，使工件旋转。这时，头架主轴 10 和顶尖是固定不转的。固定主轴的方法是：顺时针方向旋转捏手 14 到旋转不动为止，通过蜗杆齿轮间隙消除机构将头架主轴间隙消除。这时头架主轴 10 被固定，不能旋转，工件则由与带轮 11 连接的拨盘 9 上的拨杆 20 带动。当用三爪自定心卡盘或四爪单动卡盘、专用夹具夹持工件磨削时，在头架主轴 10 前端安装卡盘。在安装卡盘时，用千分表顶在头架主轴的端部，通过捏手 14 按逆时针方向旋转(并观察千分表读数)。在选择好头架主轴的间隙后，把装在拨盘 9 上的传动键 13 插入头架主轴中，再用螺钉将传动键固定。然后再用螺钉 12 将卡盘安装在头架主轴大端的端部。运动由拨盘 9 带动头架主轴 10 旋转，卡盘也随着一起转动。

头架主轴 10 的后支承为两个"面对面"排列安装的 P5 级精度的角接触球轴承 8。头架主轴后轴颈处有一轴肩，因此主轴的轴向定位由后支承的两个轴承来实现，即两个方向的轴向力由后支承的两个轴承承受。通过仔细修磨隔套 6、7 的厚度，使轴承内外圈产生一定的轴向位移，对头架主轴轴承进行预紧，以提高头架主轴部件的刚度和旋转精度。头架主轴的运动由传动平稳的带传动实现，头架主轴上的带轮采用卸荷式带轮装置，以减少主轴的弯曲变形。头架主轴 10 的前、后端部采用橡胶密封圈进行密封。

头架变速可通过推拉变速捏手 3 及改变双速电动机转速来实现，在推拉变速捏手 3 变速时，应先将电动机停止才可进行。带轮 1 和中间轴 4 装在偏心套 2 和 5 上，转动偏心套可调整各带轮之间传动的张紧力。转动偏心套 5 获得适当的张紧力后，应将螺钉 19 锁紧偏心套 5。头架壳体 18 可绕底座 16 上的销轴 17 来调整角度位置，回转角度为逆时针方向 0°～90°，以磨削锥度大的短锥体。头架壳体 18 固定在工作台上，可先旋紧两个螺钉 15，然后再旋紧螺钉 15 中的内六角螺钉(左旋螺牙)，这样就可以将头架壳体固定在工作台上了。

头架的侧母线可通过销轴 17 进行微量调整，以保证头架和尾座的中心在侧母线上一致。头架的侧母线与砂轮架导轨的垂直度可通过偏心轴 21 进行微量调整，调整后必须将偏心轴 21 锁紧。

四、尾座

M1432B 型万能外圆磨床尾座结构如图 6-9 所示。

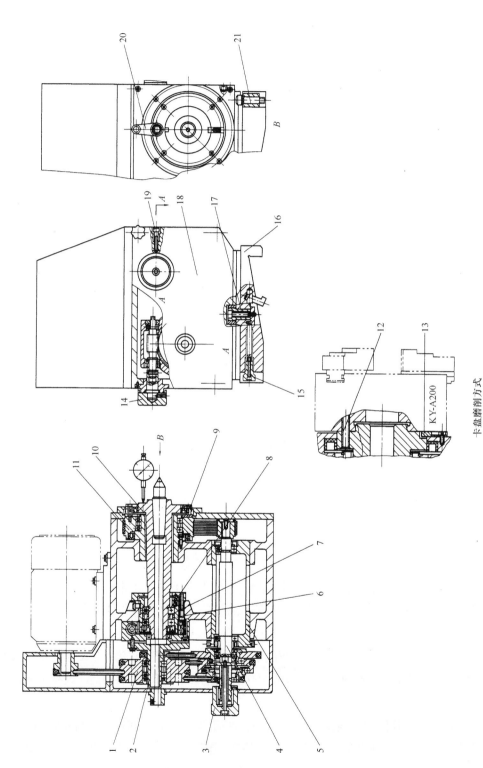

图6-8　M1432B型万能外圆磨床工件头架

1、11—带轮；2、5—偏心套；3—变速捏手；4—中间轴；6、7—隔套；8—角接触球轴承；9—拨盘；10—头架主轴；12、15、19—螺钉；13—传动键；14—捏手；16—底座；17—销轴；18—头架壳体；20—拨杆；21—偏心轴

卡盘磨削方式

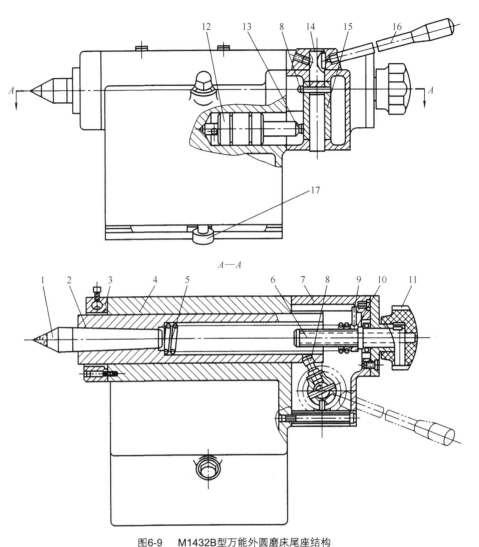

图6-9　M1432B型万能外圆磨床尾座结构

I—顶尖；2—套筒；3—密封盖；4、7—体壳；5—弹簧；6—丝杠；8—拨杆；9—销子；10—螺母；
11—手轮；12—活塞；13—拨杆；14—小轴；15—套；16—手柄；17—T形螺钉

尾座的功用是用尾座套筒顶尖与头架主轴顶尖一起支承工件，因此要求尾座顶尖应与头架主轴顶尖同轴。磨削圆柱面时，前、后顶尖的连心线应平行于工作台的移动方向。同时，尾座还应具有足够的刚度。

尾座顶尖顶紧工件的顶紧力由弹簧5产生。顶紧力大小的调整方法为：转动手轮11，使丝杠6旋转；螺母10由于销子9的限制，不能转动，只能直线移动；螺母10移动后，改变了弹簧5的顶紧力。

尾座套筒2的退回可以手动或液动。当用手动退回套筒2时，顺时针方向转动手柄16，通过小轴14及拨杆8，拨动尾座套筒2向后退回。当液动退回套筒2时，砂轮架一定处在退出位置，脚踩"脚踏板"，使液压缸的左腔进入压力油，推动活塞12，使拨杆13摆动，于是拨杆8拨动尾座套筒2向后退回。

磨削时，尾座用 T 形螺钉 17 固紧在工作台上。尾座密封盖 3 上面的螺钉用来固定修正砂轮用的金刚笔。

五、横向进给机构

图 6-10 所示为 M1432B 型万能外圆磨床的横向进给机构，用于实现砂轮架的横向工作进给、调整位移和快速进退，以确定砂轮和工件的相对位置，控制工件尺寸等。工作进给和调整位移为手动。快速进退的距离是固定的，用液压传动来实现。

（1）砂轮架的快速进退。如图 6-10 所示，砂轮架的快速进退由液压缸 1 实现。液压缸的活塞杆 3 右端用向心推力球轴承与丝杠 7 连接，它们之间可以相对转动，但不能作相对轴向移动。丝杠 7 的右端用花键与 Z=88 齿轮连接，并能在齿轮花键孔中滑移。当液压缸 1 的左腔或右腔通压力油时，活塞 2 带动丝杠 7 经半螺母 6 带动砂轮架快速向前趋近工件或快速向后退离工件。砂轮架快进至终点位置时，丝杠 7 的前端顶在刚性定位螺钉 10 上，使砂轮架准确定位。刚性定位螺钉 10 的位置可以调整，调整后用螺母 9 锁紧。

为消除丝杠 7 与半螺母 6 之间的间隙，提高进给精度和重复定位精度，设置有闸缸(见图 6-4)。闸缸固定在垫板上，机床工作时，闸缸通入压力油，经柱塞 3(见图 6-4)、挡块 2(见图 6-4)使砂轮架受到一个向后的作用力，此力与径向磨削分力同向，因此半螺母 6 与丝杠 7 始终紧靠在螺纹的一侧工作，消除了丝杠与螺母的间隙。

为了减少摩擦阻力，防止爬行和提高进给精度，砂轮架滑鞍 8 与床身的横向导轨采用 V 形和平面组合的滚动导轨 4、5。滚动导轨的特点是摩擦力小，但是由于滚柱和导轨面是线接触，所以抗振性较差。

（2）定程磨削。手轮 B 的刻度盘 D 上装有定程磨削撞块 F，用于保证成批磨削工件的直径尺寸。通常在加工一批工件时，试磨第一个工件达到要求的直径后，调整刻度盘上撞块 F 的位置，使其在横向进给磨削至所需直径时，正好与固定在床身前罩上的定位爪相碰。因此，磨削后续工件时，只需转动横向进给手轮 B，直到撞块 F 碰在定位爪上时，就达到所需的磨削直径了。由此可以在磨削过程中大大减少测量工件直径尺寸的次数。

如果中途由于砂轮磨损或修整砂轮导致工件直径尺寸变大，可调整旋钮 C 微量调整刻度盘上撞块 F 的位置，即拔出旋钮 C（其端面上有沿圆周均匀分布的 21 个定位销孔），使它与手轮 B 上的定位销脱开，然后在手轮 B 不转动的情况下，顺时针方向转动旋钮 C，经齿轮副 $\frac{48}{50}$ 带动 Z=12 齿轮和刻度盘 D 的内齿轮(Z=110)而使刻度盘 D 连同撞块 F 一起逆时针方向旋转一定的角度（这个角度的大小按工件直径尺寸变化量确定）。调整妥当后，再将旋钮 C 的定位销孔推回手轮 B 的定位销上定位（使旋钮 C 和手轮 B 成一整体）。加工时，转动手轮 B，使砂轮架横向进给，当撞块 F 与床身上的定位爪再度相碰时，砂轮架便附加进给了相应的距离，补偿了砂轮的磨损尺寸，保证了工件的直径尺寸要求。这种调整方法的实质是：刻度盘 D 上的撞块 F（定位件），倒退了一定的距离（角度），使砂轮架在横向进给时，再多进给一定的附加距离，以补偿砂轮直径减小的影响。

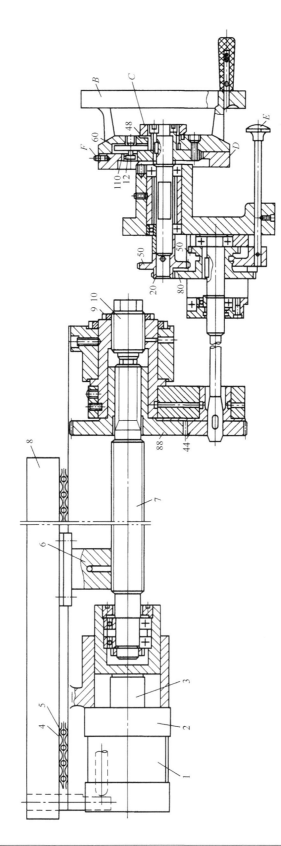

图6-10 M1432B型万能外圆磨床的横向进给机构

1—油压缸；2—活塞；3—活塞杆；4、5—活塞；4、5—滚动导轨；6—半螺母；
7—丝杠；8—滑鞍；9—螺母；10—定位螺钉

因为手轮 B 每转一圈的横向进给量为 2 mm（粗进给）或 0.5 mm（细进给），所以旋钮 C 每转过一个定位孔距，砂轮架的附加进给距离如下。

当手柄 E 处于粗进给位置时：

$$f_{附} = \frac{1}{21} \times \frac{48}{50} \times \frac{12}{110} \times 2 \text{ mm} = 0.01 \text{mm}$$

当手柄 E 处于细进给位置时：

$$f_{附} = \frac{1}{21} \times \frac{48}{50} \times \frac{12}{110} \times 0.5 \text{ mm} = 0.002\,5 \text{mm}$$

六、工作台

M1432 B 型万能外圆磨床工作台如图 6-11 所示，由上台面 6 和下台面 5 组成。下台面的底面以一矩形和一V 形的组合导轨与床身导轨相配合，其上固定一液压缸 4 和齿条 8，可由液压传动或手动沿床身导轨作纵向运动；下台面的上平面与上台面的底面配合，用销轴 7 定中心，转动螺杆 11，通过带缺口并能绕销轴 10 轻微转动的螺母 9，可使上台面绕销轴 7 相对于下台面转动一定的角度，以磨削锥度较小的长锥体。调整角度时，先松开上台面两端的压板 1 和 2，调好角度后再将压板压紧。角度大小可由上台面右端的刻度尺 13 上直接读出，或由工作台右前侧安装的千分表 12 来测量。

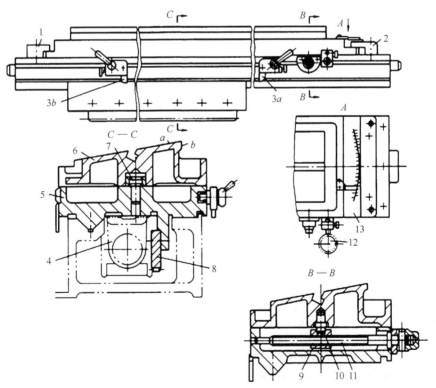

图6-11　M1432B型万能外圆磨床工作台

1、2—压板；3 a—右行程挡块；3 b—左行程挡块；4—液压缸；5—下台面；6—上台面；
7—销轴；8—齿条；9—螺母；10—销轴；11—螺杆；12—千分表；13—刻度尺

上台面的顶面 a 做成 10°的倾斜角度，工件头架和尾座安装在上台面上，以顶面 a 和侧面 b 定位，依靠其自身重量的分力紧靠在定位面上，使定位平稳，有利于它们沿台面调整纵向位置时能保持前后顶尖的同轴度。另外，倾斜的台面可使冷却液带着磨屑快速流走。台面的中央有一 L 形槽，用以固定工件头架和尾座。下台面前侧着磨屑快速流走。台面的中央有一 L 形槽，用以固定工件头架和尾座。下台面前侧有一长槽，用于固定行程挡块 $3a$ 和 $3b$，以碰撞液压操纵箱的换向拨杆，使工作台自动换向。调整 $3a$ 与 $3b$ 间的距离，即可控制工作台的行程长度。

知识拓展

数控磨床的结构特点

1. 数控磨床砂轮主轴部件精度高、刚性好

砂轮的线速度一般为 30~60m/s，CBN 砂轮可高达 150~200m/s，最高主轴转速达 15 000r/min。主轴单元是磨床的关键部件。对于高速高精度单元系统应具备刚性好、回转精度高、温升小、稳定性好、功耗低、寿命长、成本适中的特性。因此，砂轮主轴单元的轴承常采用高精度滚动轴承、液体静压轴承、液体动压轴承、动静压轴承。近年来高速和超高速磨床中越来越多采用电主轴单元部件。

2. 采用低速无爬行的高精密进给单元

进给单元包括伺服驱动部件、滚动部件、位置监测单元等。进给单元是保持砂轮正常工作的必要条件，是评价磨床性能的重要指标之一。要求进给单元运转灵活、分辨率高、定位精度高、动态响应快，既要有较大的加速度，又要有足够大的驱动力。进给单元常用的方案为交、直流伺服电动机与滚动丝杠组合的进给方案或直线伺服电动机直接驱动的方案。这两种方案的传动链很短，主要是为了减少机械传动误差。两种方案都是依靠电动机来调速、换向的。

3. 数控磨床具有高的静刚度、动刚度及热刚度

砂轮架、头架、尾架、工作台、床身、立柱等是数控磨床的基础构件，其设计制造技术是保证磨床质量的根本。

4. 数控磨床需要有完善的辅助单元

辅助单元包括工件快速装夹装置、高效磨削液供给系统、安全防护装置、主轴及砂轮动平衡系统、切屑处理系统等。

思考与练习

（1）M1432B 型万能外圆磨床的砂轮架和工件头架均能转动一定角度，工作台的上台面又能相对于下台面扳动一定的角度，各有何用处？在什么场合下使用？

（2）分析 M1432B 型万能外圆磨床的横向进给机构，说明为了保证砂轮架有较高的定位精度和进给精度，该机构采取了哪些相应的措施？

砂轮

任务3的具体内容是，掌握砂轮的特性，并能根据刀具材料正确选择合适的砂轮，了解砂轮的安装与修整。通过这一具体任务的实施，能够掌握砂轮的相关知识。

知识点与技能点

（1）砂轮的特性及其选择。

（2）砂轮的安装与平衡。

（3）砂轮的修整。

工作情景分析

磨削是用于零件精加工和超精加工的切削加工方法。在磨床上应用各种类型的磨具，可以完成内外圆柱面、平面、螺旋面、花键、齿轮、导轨和成形面等各种表面的精加工。在磨削加工中用得最多的磨具是砂轮。

相关知识

一、砂轮的组成

砂轮表面上的每个磨粒可以近似地看成一个微小刀齿，突出的磨粒尖棱，可以看成微小的切削刃，因此，砂轮可以看成具有极多微小刀齿的铣刀，这些刀齿随机地排列在砂轮表面上，其几何形状和切削角度具有较大的差异。磨粒、结合剂和空隙是构成砂轮的三要素，如图6-12所示。

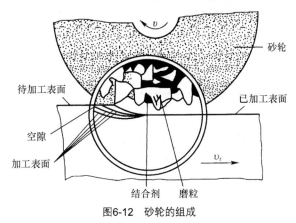

图6-12　砂轮的组成

二、砂轮的特性及其选择

砂轮的特性主要包括磨料、粒度、硬度、结合剂、组织、形状和尺寸等。

1. 磨料

磨料直接担负着切削工作，必须硬度高、耐热性好，还必须有锋利的棱边和一定的强度。常用磨料有刚玉类、碳化硅类和超硬磨料。常用磨料的代号、特点及适用范围见表 6-1。

表 6-1　　　　　　　　常用磨料特点及其用途

系别	名称	代号	主要成分	显微硬度（HV）	颜色	特性	适用范围
氧化物系	棕刚玉	A	Al_2O_3 91%～96%	2200～2280	棕褐色	硬度高，韧性好，价格便宜	磨削碳钢、合金钢、可锻铸铁、硬青铜
	白刚玉	WA	Al_2O_3 97%～99%	2200～2300	白色	硬度高于棕刚玉，磨粒锋利，韧性差	磨削淬硬的碳钢、高速钢
	铬钢玉	PA	Al_2O_3 97.5%～98%	2200～2300	玫瑰红色	硬度略高于棕刚玉，韧性稍低	磨削高碳钢，高速钢及其薄壁零件
碳化物系	黑碳化硅	C	SiC>95%	2840～3320	黑色带光泽	硬度高于刚玉，性脆而锋利，有良好的导热性和导电性	磨削铸铁、黄铜、铝及非金属
	绿碳化硅	GC	SiC>99%	3280～3400	绿色带光泽	硬度和脆性高于黑碳化硅，有良好的导热性和导电性	磨削硬质合金、宝石、陶瓷、光学玻璃、不锈钢
高硬磨料	立方氮化硼	CBN	立方氮化硼	8000～9000	黑色	硬度仅次于金刚石，耐磨性和导电性好，发热量小	磨削硬质合金、不锈钢、高合金钢等难加工材料
	人造金刚石	MBD	碳结晶体	10000	乳白色	硬度极高，韧性很差，价格昂贵	磨削硬质合金、宝石、陶瓷等高硬度材料

2. 粒度

粒度是指磨粒颗粒的大小。粒度分为磨粒和微粉两类可用筛选法或显微镜测量法来区别。用筛分法确定较大磨粒的粒度，以刚能通过的那一号筛网的网号来表示磨料的粒度，如 60 # 微粉即磨粒的直径 <40μm。粒度号越大，磨料颗粒越细。对于显微镜法，它是以实测到的最大尺寸，并在前面冠以"W"来表示，粒度号越小，微粉颗粒越细。如 W20 磨粒尺寸为 20～14μm。磨粒粗，磨削深度

大，生产率高，但表面粗糙度值大。反之，则磨削深度均匀，表面粗糙度值小。所以粗磨用粗粒度，精磨用细粒度；当工件材料软，塑性大，磨削面积大时，采用粗粒度，以免堵塞砂轮烧伤工件。粒度的选用见表6-2。

表 6-2 常用颗粒、微粉尺寸及其用途

粒度号	颗粒尺寸范围/μm	适用范围	粒度号	颗粒尺寸范围/μm	适用范围
12～36	2 000～1 600 500～400	粗磨、荒磨、切断钢坯、打磨毛刺	W40～W20	40～28 20～14	精磨、超精磨、螺纹磨、珩磨
46～80	400～315 200～160	粗磨、半精磨、精磨	W14～W10	14～10 10～7	精磨、精细磨、超精磨、镜面磨
100～280	165～125 50～40	精磨、成形磨、刀具刃磨、珩磨	W7～W3.5	7～5 3.5～2.5	超精磨、镜面磨、制作研磨剂等

3. 硬度

硬度是指砂轮上磨料在外力作用下脱落的难易程度。它取决于结合剂的结合能力及所占比例，与磨料硬度无关。磨粒易脱落，表明砂轮硬度低，反之则表明砂轮硬度高。

硬度分 7 大级（超软、软、中软、中、中硬、硬、超硬），16 小级。砂轮的硬度等级见表6-3。

表 6-3 砂轮硬度等级

硬度等级	大级	超软	软			中软		中		中硬			硬		超硬
	小级	超软	软1	软2	软3	中软1	中软2	中1	中2	中硬1	中硬2	中硬3	硬1	硬2	超硬
	代号	D E F	G	H	J	K	L	M	N	P	Q	R	S	T	Y

砂轮的硬度与磨料的硬度是两个完全不同的概念，硬度相同的磨料可以制成硬度不同的砂轮。砂轮的硬度主要决定于结合剂性质、数量和砂轮的制造工艺如结合剂与磨粒粘固程度越高，砂轮硬度越高。砂轮硬度选择原则如下。

（1）磨削硬材，选软砂轮；磨削软材，选硬砂轮。

（2）磨导热性差的材料，不易散热，选软砂轮以免工件烧伤。

（3）砂轮与工件接触面积大时，选较软的砂轮。

（4）成形磨精磨时，选硬砂轮；粗磨时选较软的砂轮。

大体上说，磨硬金属时，用软砂轮；磨软金属时，用硬砂轮。

4. 结合剂

结合剂是把磨粒粘结在一起组成磨具的材料。砂轮的强度、抗冲击性、耐热性及耐腐蚀性，主要取决于结合剂的种类和性质。常用结合剂的种类、性能及适用范围见表6-4。

表 6-4　　　　　　　　　　　　常用结合剂的种类、性能及用途

种　类	代　号	性　能	用　途
陶瓷	V	耐热性、耐腐蚀性好、气孔率大、易保持轮廓、弹性差	应用最广，适用于 v（35m/s）的各成形磨削、磨齿轮、磨螺纹等
树脂	B	强度高、弹性大、耐冲击、坚固性和耐热性差、气孔率小	适用于 v（50m/s）的高速磨削，可成薄片砂轮，用于磨槽、切割等
橡胶	R	强度和弹性更高、气孔率小、耐热性差、磨粒易脱落	适用于无心磨的砂轮和导轮、开槽切割的薄片砂轮、抛光砂轮等
金属	M	韧性和成形性好、强度大、但自锐性差	可制造各种金刚石磨具

5. 组织

组织是指砂轮中磨料、结合剂、空隙三者体积的比例关系。组织号是由磨料所占的百分比来确定的，反映了砂轮中磨料、结合剂和气孔三者体积的比例关系，即砂轮结构的疏密程度，组织分紧密、中等、疏松，可细分成 0～14，共 15 级。组织号越小，磨粒所占比例越大，砂轮越紧密；反之，组织号越大，磨粒比例越小，砂轮越疏松。紧密组织成形性好，加工质量高，适于成形磨、精密磨和强力磨削。中等组织适于一般磨削工作，如淬火钢、刀具刃磨等。疏松组织不易堵塞砂轮，适于粗磨、磨软材、磨平面、内圆等接触面积较大时，还适合磨热敏性强的材料或薄件。常用砂轮组织号的磨粒率、类别及应用见表 6-5。

表 6-5　　　　　　　　　　砂轮组织号的磨粒率、类别及应用

组织号	0	1	2	3	4	5	6	7	8	9	10	11	12	13	14
磨粒率/%	62	60	58	56	54	52	50	48	46	44	42	40	38	36	34
类别	紧密				中等					疏松					
应用	精磨、成形磨				淬火工件、刀具					韧性大和硬度低的金属					

6. 形状与尺寸

砂轮的形状和尺寸是根据磨床类型、加工方法及工件的加工要求来确定的。常用砂轮形状、代号和用途见表 6-6。

为方便选用，砂轮的特性均标记在砂轮的侧面上，其顺序是：形状代号、尺寸、磨料、粒度号、硬度、组织号、结合剂、线速度。例如：

外径 300mm，厚度 50mm，孔径 75mm，棕刚玉，粒度 60，硬度 L，5 号组织，陶瓷结合剂，最高工作线速度 35 m/s 的平行砂轮，其标记为：

砂轮 1-300×55×75-A60L5V-35m/s　　（GB 2484—94）。

表 6-6　　　　　　　　　　常用砂轮形状、代号和用途

砂轮名称	简　图	代　号	用　途
平开砂轮	▭	P	磨削外圆、内圆、平面，可用于无心磨
双斜边砂轮	◇	PSX	磨削齿轮的齿形和螺纹的牙型

续表

砂轮名称	简 图	代 号	用 途
筒形砂轮		N	立轴端面平磨
杯形砂轮		B	磨削平面、内圆及刃磨刀具
碗形砂轮		BW	刃磨刀具，并用于导轨磨
蝶形砂轮		D	磨削铣刀、铰刀、拉刀及齿轮的齿形
薄片砂轮		PB	切断和开槽

三、砂轮的安装、平衡与修整

1. 砂轮的安装

由于砂轮工作时的转速很高，而砂轮的质地又较脆，因此，必须正确地安装砂轮，以免砂轮碎裂飞出，造成严重的设备事故和人身伤害。安装砂轮时，应根据砂轮形状、尺寸的不同而采用不同的安装方法，常用的安装方法如图 6-13 所示。其中，图 6-13（a）、（b）所示为用台阶法兰盘安装砂轮；图 6-13（c）为用平面法兰盘安装砂轮；图 6-13（d）为用螺母垫圈安装砂轮；图 6-13（e）、图 6-13（f）为内圆磨削用砂轮的安装；图 6-13（g）为内圆磨削用粘接法安装砂轮；图 6-13（h）为筒形砂轮的安装。

砂轮安装前必须仔细检查砂轮的外形，不允许砂轮有裂纹和损伤。装拆砂轮时必须注意压紧螺母的螺旋方向。在磨床上，为了防止砂轮工作时压紧螺母在磨削力的作用下自动松开，对砂轮轴端的螺旋方向作如下规定：逆着砂轮旋转方向拧螺母是旋紧，顺着砂轮旋转方向转动螺母为松开。

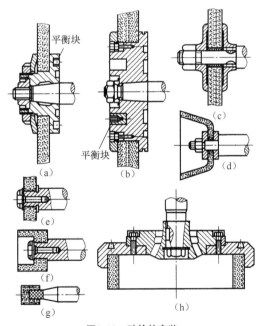

图6-13 砂轮的安装

2. 砂轮的平衡

为使砂轮工作平稳，一般直径大于 125 mm 的砂轮都要进行平衡试验，如图 6-14 所示。将砂轮装在心轴上，再将心轴放在平衡架的平衡轨道的刃口上。若不平衡，较重部分总是转到下面，这时可移动法兰盘端面环槽内的平衡块进行调整。经反复平衡试验，直到砂轮可在刃口上任意位置能够静止，即说明砂轮各部分的质量分布均匀。这种方法称为静平衡。

3. 砂轮的修整

砂轮工作一定时间后，磨粒逐渐变钝，这时必须修整。修整时，将砂轮表面一层变钝的磨粒切去，使砂轮重新露出完整锋利的磨粒，以恢复砂轮的几何形状。砂轮常用金刚石笔进行修整，如图 6-15 所示。修整时要使用大量的冷却液，以免金刚石因温度急剧升高而破裂。砂轮修整除用于磨损砂轮外，还用于以下场合：①砂轮被切屑堵塞；②部分工材粘结在磨粒上；③砂轮廓形失真；④精密磨中的精细修整等。

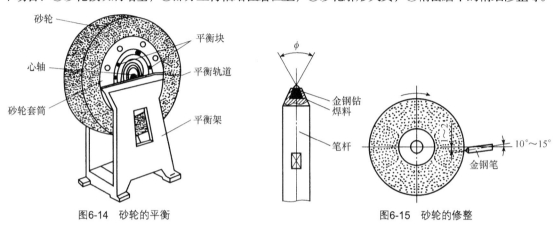

图6-14　砂轮的平衡　　　　　　　　　　图6-15　砂轮的修整

知识拓展

超硬磨具

超硬磨具是指用金刚石、立方氮化硼等以显著高硬度为特征的磨料制成的磨具。可分为金刚石磨具、立方氮化硼磨具和电镀超硬磨具。超硬磨具一般由基体、过渡层和超硬磨料层三部分组成，磨料层厚度为 1.5～5mm，主要由结合剂和超硬磨粒所组成，起磨削作用。过渡层由结合剂组成，其作用是使磨料层与基体牢固地结合在一起，以保证磨削层的使用。基体起支撑磨料层的作用，并通过它将砂轮紧固在磨床主轴上，基体一般用铝、钢、铜或胶木等制造。

超硬磨具的粒度、结合剂等特性与普通磨具相似，浓度是超硬磨具所具有的特殊特性，浓度是指超硬磨具磨料层内每立方厘米体积内所含的超硬磨料的重量。它对磨具的磨削效率和加工成本有着重大的影响。浓度过高，很多磨粒易过早脱落，导致磨料的浪费；浓度过低，磨削效率不高，不能满足加工要求。

金刚石砂轮主要用于磨削超高硬度的脆性材料，如硬质合金、宝石、光学玻璃和陶瓷等，不宜用于加工铁族金属材料。

立方氮化硼砂轮的化学稳定性好，加工一些难磨的金属材料尤其是磨削工具钢、磨具钢、不锈钢、耐热合金钢等具有独特的优点。

电镀超硬磨具的结合剂强度高，磨料层薄，砂轮表面切削锋利，磨削效率高，不需修整，经济性好。它主要用于形状复杂的成形磨具、小磨头、套料刀、切割锯片、电镀铰刀以及用于高速磨削方式之中。

思考与练习

（1）砂轮的特征主要取决于哪些因素？如何进行选择？

（2）砂轮硬度的选择原则是什么？

其他磨床简介

任务4的具体内容是，了解其他类型的磨床。通过这一具体任务的实施，能对磨床的发展有所认识。

知识点与技能点

（1）普通外圆磨床与半自动宽砂轮外圆磨床。
（2）无心外圆磨床。
（3）内圆磨床。
（4）平面磨床。

工作情景分析

磨床的类型很多，主要类型有普通外圆磨床、无心外圆磨床、内圆磨床和平面磨床。此外，不同类型的磨床还可实现螺纹磨削、齿轮磨削，在大批大量生产中，还有许多如曲轴磨削、凸轮轴磨削等专门化和专用磨削。

相关知识

一、通外圆磨床与半自动宽砂轮外圆磨床

1. 普通外圆磨床

普通外圆磨床和万能外圆磨床在结构上的差别是：普通外圆磨床的头架、砂轮都不能绕竖直轴调整角度，头架主轴固定不转，没有内磨具。因此，普通外圆磨床只能磨削零件的外圆柱面、外圆锥面及端面。

普通外圆磨床的万能性不如万能外圆磨床，但是，加工的层次减少了，使机床的结构简化，刚度提高。尤其是头架主轴是固定不动的，工件支撑在"死"顶尖上，提高了头架主轴组件的刚度和工件的旋转精度。

2. 半自动宽砂轮外圆磨床

这种机床加工时，工作台不作纵向往复运动（可以纵向调整位置），砂轮架作连续的横向切入进给。为了降低加工表面的表面粗糙度值，可使工作台有小幅值的纵向往复抖动运动。

它切入磨削时，作连续的横向进给就可磨出整个加工表面，所以生产率较高。近些年来，

由于进一步提高了其自动化程度，并配备了自动测量仪控制磨削尺寸，故很适用于短工件大批量生产。

二、无心外圆磨床

图 6-16 所示为无心外圆磨床的外形。在无心磨床上加工工件，不用顶尖定心和支撑，而由工件的被磨削外圆面本身作定位面。

在无心外圆磨床上磨削外圆表面，工件上不需打中心孔，这样，既排除了因中心孔减小偏心而带来的误差，又可节省装卸工件的时间。由于导轮和托板沿全长支撑工件，刚度差的工件也可以大切削量磨削，故生产效率高。但机床调整时间较长，不适用于单件、小批量生产。此外，周向不连续的表面（如有键槽）、外圆与内孔要求同心度高的工件，不宜在无心磨床上加工。

1. 磨削原理

如图 6-17 所示，工件 2 放在磨削砂轮 1 和导轮 3 之间，由托板 4 支承进行磨削。导轮是用树脂或橡胶为粘接剂制成的刚玉砂轮，它与工件之间的摩擦系数较大，所以工件由导轮的摩擦力带动作圆周进给，导轮的线速度为 10～50m/min，工件线速度基本上等于导轮的线速度。砂轮线速度很高，在砂轮与工件之间有很大的相对速度，这就是磨削工件的切削速度。

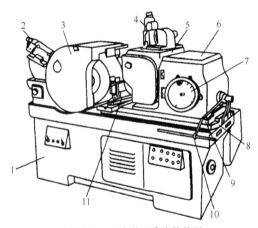

图6-16　无心外圆磨床的外形

1—床身；2—砂轮修正器；3—砂轮架；4—导轮修正器；5—转动体；
6—座架；7、10—进给手柄；8—底座；9—滑板；11—托架

图6-17　无心磨削加工示意图

2. 磨削方法

在无心外圆磨床上磨削工件的方法有贯穿磨削法（纵磨法）和切入磨削法（横磨法）两种。

（1）贯穿磨削法（纵磨法）。如图 6-18（a）所示，将工件从机床前面放到拖板上，推入磨削区域后，工件旋转，同时又沿轴向移动，从机床的另一端移出，磨削完毕。工件纵向移动是由于导轮的中心线在垂直平面内向前倾斜了 α 角所引起的。为了保证导轮与工件的接触线为直线，导轮为回转双曲线形。

（2）切入磨削法（横磨法）。如图 6-18（b）所示，将工件放在托板与导轮之间，然后横向切入进给，使磨削砂轮磨削工件，这时导轮轴线仅倾斜30′，对工件产生微小的轴向推力，使工件靠在

挡快 4 上，得到可靠的轴向定位。切入磨削法适于磨削阶梯、回转表面。

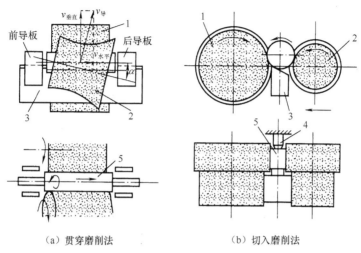

（a）贯穿磨削法　　　　　　（b）切入磨削法

图6-18　无心磨床的加工方法示意图

1—磨削砂轮；2—导轮；3—托板；4—挡块；5—工件

三、内圆磨床

内圆磨床主要用于磨削工件的通孔、盲孔、阶梯孔、圆锥孔，也能磨削端面。机床的主参数为最大磨孔直径。内圆磨削可以分普通内圆磨削（见图 6-19（a））、无心内圆磨削（见图 6-19（b））和砂轮作行星运动的磨削（见图 6-19（c））。

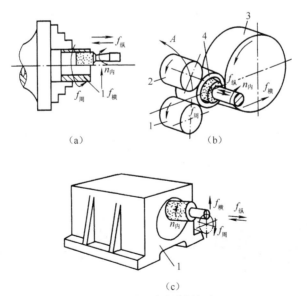

（a）　　　　　　　　　　　（b）

（c）

图6-19　内圆磨床磨削方式

与外圆磨削相比，内圆磨削所用的砂轮和砂轮轴的直径都较小，为了获得所要求的砂轮线速度，就必须提高砂轮主轴的转速，故容易发生振动，影响工件的表面质量。此外，由于内圆磨削时砂轮与工件的接触面积大，发热量集中，冷却条件差以及工件热变形大，特别是砂轮主轴刚性差，易弯曲变形，所以内圆磨削不如外圆磨削的加工精度高。在实际生产中，常采用减少横向进给量，增加光磨次数等措施来提高内孔的加工质量。

四、平面磨床

平面磨床主要用于磨削零件上的平面。平面磨床与其他磨床不同的是工作台上安装有电磁吸盘或其他夹具，用作装夹零件。图 6-20 所示为 M7120A 型平面磨床外形图。磨头 2 沿滑板 3 的水平导轨可作横向进给运动，这可由液压驱动或横向进给手轮 4 操纵。滑板 3 可沿立柱 6 的导轨垂直移动，以调整磨头 2 的高低位置及完成垂直进给运动，该运动也可操纵手轮 9 实现。砂轮由装在磨头壳体内的电动机直接驱动旋转。

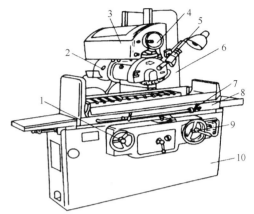

图6-20　M7120A型平面磨床外形图
1—驱动工作台手轮；2—磨头；3—滑板；4—横向进给手轮；5—砂轮修正器；6—立柱；7—行程挡块；8—工作台；9—垂直进给手轮；10—床身

根据平面磨床工作台的形状和砂轮工作面的不同，普通平面磨床可分为四种类型：卧轴矩台式平面磨床(见图 6-21（a）)；卧轴圆台式平面磨床(见图 6-21（b）)；立轴圆台式平面磨床(见图 6-21（c）)；立轴矩台式平面磨床(见图 6-21（d）)。

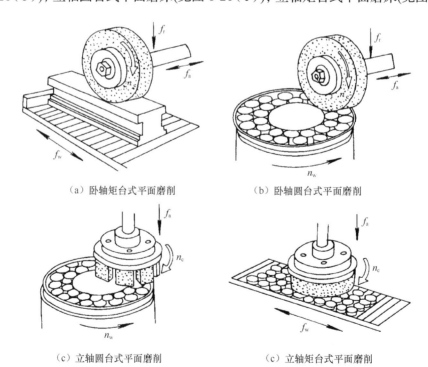

（a）卧轴矩台式平面磨削　　　　　　（b）卧轴圆台式平面磨削

（c）立轴圆台式平面磨削　　　　　　（c）立轴矩台式平面磨削
图6-21　平面磨床加工示意图

平面磨削常用的方法有周磨（在卧轴矩形工作台平面磨床上以砂轮圆周表面磨削零件）和端磨（在立轴圆形工作台平面磨床上以砂轮端面磨削零件）两种。

1. 周磨

如图 6-21（a）、（b）所示，周磨是采用砂轮的圆周面对工件平面进行磨削。这种磨削方式，砂轮与工件的接触面积小，磨削力小，磨削热小，冷却和排屑条件较好，而且砂轮磨损均匀。

2. 端磨

如图 6-21（c）、（d）所示，端磨是采用砂轮端面对工件平面进行磨削。采用这种磨削方式时，砂轮与工件的接触面积大，磨削力大，磨削热多，冷却和排屑条件差，工件受热变形大。此外，由于砂轮端面径向各点的圆周速度不相等，砂轮磨损不均匀。

知识拓展

磨圆锥面

磨圆锥面的方法很多，常用的方法有两种。

1. 转动工作台法

将上工作台相对下工作台扳转一个工件圆锥半角 $a/2$，下工作台在机床导轨上作往复运动进行圆锥面磨削。这种方法既可以磨外圆锥，又可以磨内圆锥，但只适用于磨削锥度较小、锥面较长的工件。图 6-22 所示为用转动工作台法磨削外圆锥面时的情况。

2. 转动头架法

将头架相对工作台扳转一个工件圆锥半角 $a/2$，工作台在机床导轨上作往复运动进行圆锥面磨削。这种方法可以磨内外圆锥面，但只适用于磨削锥度较大，锥面较短的工件，图 6-23 所示为用转动头架法磨内圆锥面的情况。

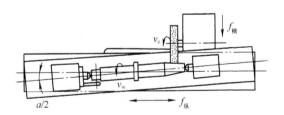

图6-22　转动工作台磨外圆锥面

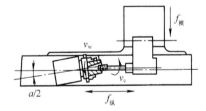

图6-23　转动头架磨内圆锥面

思考与练习

（1）简述无心外圆磨削的特点。

（2）试分析磨平面时，端磨法与周磨法各自的特点。

Chapter 7

项目七
| 其他机床 |

| 知识点与技能点 |

（1）钻床。

（2）镗床。

（3）直线运动机床。

| 工作情景分析 |

钻床和镗床都是加工内孔的机床，主要用于加工外形复杂、没有对称旋转轴线的工件，如杠杆、盖板、箱体、机架等零件上的单孔或孔系。刨床和拉床的主运动都是直线运动，所以常称它们为直线运动机床。

| 相关知识 |

一、钻床

钻床作为孔加工机床，主要用来加工像机箱、机架等外形较复杂、没有对称回转轴线的工件上的孔。它的加工特点是主要用于加工各种孔；主运动是钻头的旋转运动，进给运动是钻头的轴向移动；钻削加工时，钻头的切削部分始终处于一种半封闭状态，切削深度大，切屑变形大，排屑困难，切削温度高，生产效率较低（钻削较大较深的孔时可用切削液冷却但效果有限）；在排屑过程中，切屑与孔壁产生剧烈摩擦，划伤已经加工表面，使孔的表面质量较差；钻削力较大，刀具磨损大。钻床可完成钻孔、铰孔、锪平面、攻螺纹等工作。钻床的加工方法及所需的运动，如图 7-1 所示。

钻床按其结构形式可分为立式钻床、台式钻床、摇臂钻床和专门化钻床，钻床的主要参数是最大钻孔直径。

1. 立式钻床

图 7-2 所示为立式钻床的外形。它由主轴箱、进给箱、工作台、立柱和底座等组成。电动机经主轴箱驱动主轴旋转，形成主运动。进给运动可以机动也可以手动。机动进给是由进给箱传出的运动通过小齿轮驱动主轴套筒上的齿条，使主轴套筒齿条作轴向进给运动。若断开机动进给，扳动手柄驱动小齿轮，则同样可以带动齿条上下移动，实现手动进给。

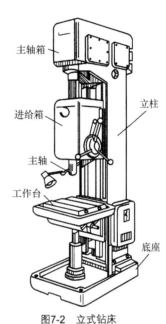

图7-2 立式钻床

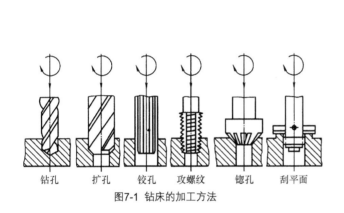

图7-1 钻床的加工方法

钻孔　扩孔　铰孔　攻螺纹　锪孔　刮平面

立式钻床的特点是刚性好、功率大，因此主要加工中型零件的孔，而且可采用较大的切削用量，并可自动走刀，生产效率高；主轴的转速和进给量可调范围大，所以可得到较高的加工精度。立钻的规格用最大钻孔直径表示，常用 25mm/35mm/40mm/45mm 等几种，因此，立式钻床仅适用于中型零件的孔加工。立式钻床还有一些变形品种，常见的有排式、可调式、多轴立式钻床。

排式多轴立式钻床相当于几台单轴立式钻床的组合，它的多个主轴用于顺次地加工同一工件的不同孔径或分别进行各种孔加工工序（钻、扩、铰、螺纹等）。它和单轴立式钻床相比，可节省更换刀具的时间，加工时仍是一个孔一个孔地加工。因此，这种机床主要用于中、小批生产中加工中、小型工件。可调式多轴钻床的主轴可根据加工需要调整位置。加工时，由主轴箱带动全部主轴转动，进给运动则由进给箱带动。这种机床是多孔同时加工，生产效率高，适用于成批生产。

2. 台式钻床

台式钻床，简称"台钻"，它实际上是一种加工小孔的台式钻床，它的外形如图 7-3 所示。

台钻的特点是重量轻，移动方便；进给运动由手动完成；主要加工小型零件，一般加工的孔径 $d_m < 12mm$；由于加工的孔径较小，主轴要有较高的转速。台钻的转速通常在 400～10 000r/min。因

此，台式钻床仅适用于单件或小批量小型零件的孔加工。

3. 摇臂钻床

摇臂钻床的主轴能在空间任意调整位置，因此能做到工件不动而方便地加工工件上不同位置的孔，这对于加工大而重的工件更为适用。图7-4所示为摇臂钻床的外形。

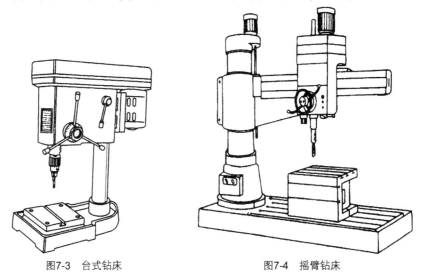

图7-3　台式钻床　　　　　　　　　　图7-4　摇臂钻床

摇臂钻床的特点是有三个调整位置的辅助运动，可加工一个零件上不同位置的孔，大大增加了加工的机动性和工作适应性。因此，摇臂钻床适用于单件或中小批量生产的大、中型零件的孔加工。

二、镗床

镗床的主要功能是用镗刀进行镗孔，它是用来加工尺寸较大、精度要求较高的孔的机床，特别适用于加工分布在零件不同位置上的相互位置精度要求较高的孔系。镗削加工的特点是镗孔是对已铸、锻、钻的孔进行加工，以扩大孔径、提高精度、降低表面粗糙度以及纠偏孔的位置；主运动是镗刀的旋转运动，进给运动可以是主轴的轴向或径向移动，也可以是工作台的纵向或横向移动；镗削刀具结构简单、种类多样，具有较好的通用性，但镗削加工（特别是单刃镗刀加工）生产效率较低，因此镗床适用于批量生产的零件加工及位置精度要求较高的孔的加工。镗床按其结构形式可分为卧式镗床、坐标镗床和金刚镗床等。

1. 卧式镗床

卧式镗床除镗孔外，还可以用各种孔加工刀具进行钻孔、扩孔和铰孔；可安装端面铣刀铣削平面；可利用其上的平旋盘安装车刀车削端面和短的外圆柱面；利用主轴后端面的交换齿轮可以车削内、外螺纹等。因此，卧式镗床能对工件一次安装后完成大部分或全部的加工工序。卧式镗床主要用于对形状复杂的大、中型零件如箱体、床身、机架等加工精度、孔距精度、形位精度要求较高的零件进行加工，其主要加工方法如图7-5所示。

卧式镗床具有的工作运动包括镗杆的旋转主运动、平旋盘的旋转主运动、镗杆的轴向进给运动、主轴箱垂直进给运动、工作台纵向进给运动、工作台横向进给运动和平旋盘径向刀架进给运动。

辅助运动包括主轴箱、工作台在进给方向上的快速调位运动、后立柱纵向调位运动、后支架垂直调位运动、工作台的转位运动。这些辅助运动由快速电动机传动，图7-6为卧式镗床。

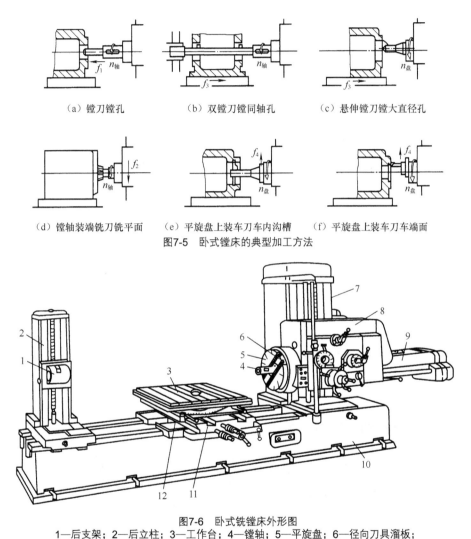

（a）镗刀镗孔　　　　　　（b）双镗刀镗同轴孔　　　　（c）悬伸镗刀镗大直径孔

（d）镗轴装端铣刀铣平面　（e）平旋盘上装车刀车内沟槽　（f）平旋盘上装车刀车端面

图7-5　卧式镗床的典型加工方法

图7-6　卧式铣镗床外形图

1—后支架；2—后立柱；3—工作台；4—镗轴；5—平旋盘；6—径向刀具溜板；7—前立柱；8—主轴箱；9—后尾筒；10—床身；11—下滑座；12—上滑座

2. 坐标镗床

坐标镗床是一种高精度机床。其特点是装备了坐标位置的精密测量装置，可保证刀具和工件具有精确的相对位置；加工的孔可获得很高的尺寸和形状精度，也可保证精确的孔间或孔与某基准面间的位置精度。它可进行精密刻线和滑线，也可进行孔距和直线的精密测量。坐标镗床工作台的三个侧面都是敞开的，操作比较方便。立式单柱的布局形式多为中、小型坐标镗床采用。适用加工精度要求较高的工件、夹具、模具及量具等。它有立式单柱、立式双柱和卧式等主要类型。图 7-7 所示为立式双柱坐标镗床。

三、直线运动机床

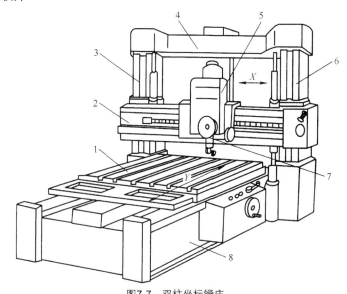

图7-7　双柱坐标镗床
1—工作台；2—横梁；3、6—立柱；4—顶梁；5—主轴箱；7—主轴；8—床身

主运动为直线运动的机床称为直线运动机床。这类机床有刨床、插床和拉床。

1. 刨床

刨床主要用于加工各种平面（例如，水平面、垂直面和斜面）、沟槽（例如，T形槽、V形槽和燕尾槽）和加工直线成型面，如图7-8所示。刨削加工的特点是刨床刀具简单，通用性好；刃磨简单，生产准备周期短、成本低廉；有工作行程和空回行程之分，故生产效率较低；刨削吃刀时有冲击，刀具易损坏；切削速度受到限制，切削热低，一般不需切削液冷却（除精刨外）；主运动是刨刀（牛头刨）或工作台（龙门刨）的往复直线的运动，进给运动是工作台带动工件横向间歇移动（牛头刨）或刀架带动刨刀的横向间歇移动（龙门刨）。

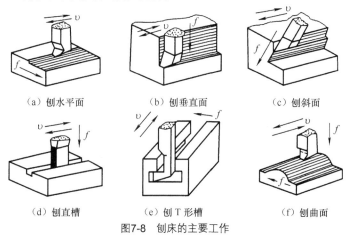

（a）刨水平面　　　　　（b）刨垂直面　　　　　（c）刨斜面

（d）刨直槽　　　　　（e）刨T形槽　　　　　（f）刨曲面

图7-8　刨床的主要工作

（1）牛头刨床。图7-9所示为牛头刨床。牛头刨床的滑枕刀架带着刀具在水平方向作往复直线运动，而工作台带着工件作间歇的横向进给运动。因为其刀具反向运动时不加工（称为空行程），浪

费工时，且在滑枕换向的瞬间有较大的惯性冲击，限制了主运动速度的提高，所以，牛头刨床的生产效率较低。在成批大量生产中，它多为铣床所代替。牛头刨床使用的刀具较简单，主要用于单件、小批生产或修理车间中。

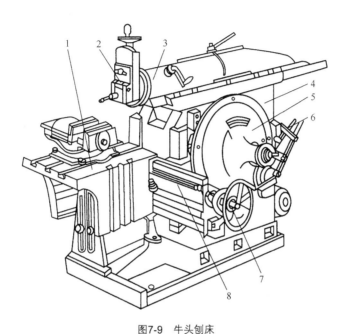

图7-9　牛头刨床

1—工作台；2—刀架；3—滑枕；4—床身；5—摇臂机构；6—变速机构；7—进给机构；8—横梁

（2）龙门刨床。龙门刨床主要用来刨削大型工件，特别适合于刨削各种水平面、垂直面以及由各种平面组合的导轨面。如加工中小零件，可以在工件台上一次安装多个工件。另外，龙门刨床还可以用几把刨刀同时对工件刨削，其加工精度和生产率均较高。龙门刨床主要用于加工大型工件，可用于粗加工和精加工，也可一次性完成刨、铣、磨等工作。图 7-10 所示为龙门刨床。

2. 插床

插床实质上是一种立式刨床，其结构原理与牛头刨床相同，只是在结构型式上略有区别。它的主运动是滑枕带动插刀沿垂直方向所作的直线往复运动，滑枕向下移动为工件行程，向上为空行程。滑枕导轨座可绕轴在小范围内调整角度，以便加工倾斜面和沟槽。床鞍和溜板可分别作圆周进给或分度。圆工作台在上述各方面的进给运动也是在滑枕空行程结束后的短时间内进行的。圆工作台的分度是依靠分度装置实现的。图 7-11 所示为插床。

插床主要用于加工键槽、花键孔、多边形孔之类的内表面，有时也用于加工成型内、外表面。

3. 拉床

拉床是用拉刀进行加工的机床。拉床用于加工通孔、平面和成型表面。图 7-12 所示为适于拉削的一些经典表面形状。拉削时，拉刀使被加工表面一次切削成型，所以拉床只有主运动，没有进给运动。切削时，拉刀作平稳的低速直线运动。拉刀承受的切削力很大，通常是由液压驱动的。安装拉刀的滑座通常由液压缸的活塞杆带动。

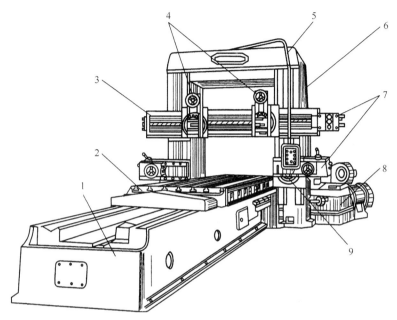

图7-10　龙门刨床

1—床身；2—工作台；3—横梁；4—刀架；5—顶梁；6—立柱；7—进给箱；8—驱动机构；9—侧刀架

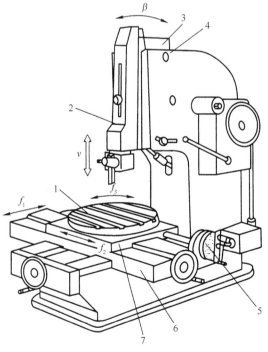

图7-11　插床

1—回转工作台；2—滑枕；3—滑枕导轨座；4—销轴；5—分度装置；6—床鞍；7—溜板

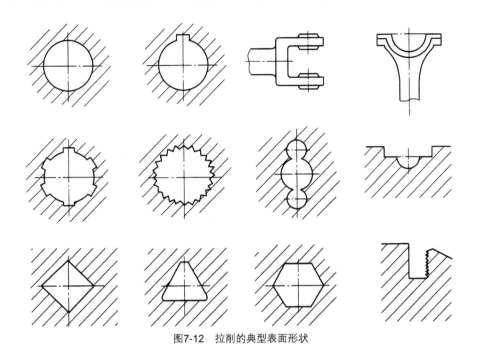

图7-12 拉削的典型表面形状

参考文献

［1］杜可可. 机械制造技术基础[M]. 北京：人民邮电出版社，2007.

［2］晏初宏. 金属切削机床[M]. 北京：机械工业出版社，2007.

［3］胡黄卿，陈金霞. 金属切削原理与机床[M]. 北京：化学工业出版社，2004.

［4］黄鹤汀，吴善元. 机械制造技术[M]. 北京：机械工业出版社，1997.

［5］龚雯，陈则钧. 机械制造技术[M]. 北京：高等教育出版社，2002.

［6］韩秋实. 机械制造技术基础[M]. 北京：机械工业出版社，1998.

［7］张维纪. 金属切削原理及刀具[M]. 浙江：浙江大学出版社，1990.